高 等 院 校 **计 算 机**
基础课程新形态系列

Pytho

程序设计基础教程

慕课版 | 第 2 版

薛景 / 编著

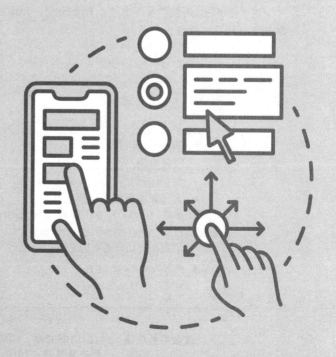

人民邮电出版社
北 京

图书在版编目（ＣＩＰ）数据

Python程序设计基础教程 ：慕课版 / 薛景编著. --
2版. -- 北京 ：人民邮电出版社，2023.9
高等院校计算机基础课程新形态系列
ISBN 978-7-115-61662-3

Ⅰ．①P… Ⅱ．①薛… Ⅲ．①软件工具－程序设计－
高等学校－教材 Ⅳ．①TP311.561

中国国家版本馆CIP数据核字(2023)第069519号

内 容 提 要

　　本书是 Python 语言程序设计的入门教程，主要面向初学程序设计的读者。全书共分为 11 章，详细介绍 Python 语言的特点、开发环境的搭建、语法规则及程序编制与调试方法，内容包括 Python 语言的基本特点与程序开发方法、Python 语言的语法基础、使用 Turtle 模块进行绘图、程序的流程控制、函数与模块、组合数据类型、异常处理和文件操作、面向对象程序设计、图形用户界面、数据分析与可视化，学生成绩管理系统综合实例。附录中包含 5 个配套实验，全面应用了书中提及的知识点，以帮助读者通过从模仿到实践学会使用 Python 语言进行计算机程序设计。

　　本书可作为高等院校各专业基于 Python 语言开设的程序设计课程的教材，也可作为编程爱好者自学 Python 语言的参考书。

◆ 编　著　薛　景

　　责任编辑　李　召

　　责任印制　王　郁　陈　犇

◆ 人民邮电出版社出版发行　　北京市丰台区成寿寺路 11 号

　　邮编　100164　电子邮件　315@ptpress.com.cn

　　网址　https://www.ptpress.com.cn

　　三河市兴达印务有限公司印刷

◆ 开本：787×1092　1/16

　　印张：13.75　　　　　　　　　2023 年 9 月第 2 版

　　字数：395 千字　　　　　　　2024 年 12 月河北第 6 次印刷

定价：49.80 元

读者服务热线：(010)81055256　印装质量热线：(010)81055316
反盗版热线：(010)81055315
广告经营许可证：京东市监广登字 20170147 号

前 言

Python 语言是目前主流的编程语言之一，具有广泛的应用场景，尤其在数据分析和人工智能领域是强有力的研究工具。随着 Python 的迅速普及，国内越来越多的本专科院校正在或准备开设该语言的相关课程。Python 语言功能强大且易于学习，使用它编写的程序可以在 Windows、macOS、Linux、iOS、Android 等计算机或移动终端平台上运行。它已经被越来越多的开发者、科研工作者、教师和学生接受并喜爱。

南京邮电大学计算机学院 Python 语言课程组自 2016 年起开始进行 Python 语言程序设计的教学和课程建设工作。经过不断的努力，课程组积累了丰富的教学经验和教学资源，并自主设计和开发了支持众多教学辅助功能的线上教辅平台，且获得 3 项国家发明专利、1 项软件著作权。课程组于 2018 年自主编写了《Python 程序设计基础教程（慕课版）》教材，与之对应的线上课程于 2021 年荣获首批江苏省一流线上课程。

本书是对第 1 版教材的改版，整体延续了原教材的风格，遵循循序渐进的教学规律，从 Python 语言最基础的知识入手，从解决实际问题的需求出发，引申出各章的内容，非常适合作为零基础读者的程序入门级教材使用。与第 1 版不同，此版教材优化了各章节知识点的讲授顺序、增补了部分具有实际意义的程序例题、重新录制了与第 2 版内容配套的视频、对每一章的课后习题进行了改进与完善。此外，本书在语言和结构上也都有了明显的改进。

全书共分为 11 章，内容覆盖 Python 语言程序设计的 4 大知识板块：Python 基础知识、流程控制及结构化程序设计、组合类型数据的使用及面向对象程序设计。

本书的主要特点如下。

第一，本书面向本专科零编程基础的非计算机专业学生。为了突出编程思想的培养，本书并没有介绍数据库、网络编程等专业性较强的内容，而是选取比较基础的语法、流程控制、数据操作等内容进行介绍，选取的内容具有针对性，且浅显易懂，特别适合编程的入门学习者。

第二，本书作为教材，在充分考虑课时和考试范围的基础上，注重对读者编程兴趣的培养。本书以一连串有趣的实例将知识点串联起来，使相对枯燥的编程学习变得有趣和生动，以期读者在快乐的编程体验中学会编程。

第三，本书拥有丰富的配套资源。读者可以结合本书，学习配套 MOOC 课程（可登录中国大学

MOOC 网站，搜索课程名"Python 语言程序设计基础"），该课程包含教学视频、电子课件、测验与作业、源代码等。通过使用以上配套资源，教与学将变得更加方便、简单。

本书是编者多年教学研究和经验的凝练、总结。本书配套的教学视频由薛景老师在 2022 年秋季学期的教学过程中录制完成，是对教学过程的复现。此外，南京邮电大学程序设计课程组的各位老师对本书提出了许多宝贵的建议，在此对他们的辛苦付出和支持表示衷心的感谢！

由于编者水平有限，书中难免存在疏漏及不足之处。如有问题或发现错误，请直接与编者联系，不胜感激。电子邮箱：xuejing@njupt.edu.cn。

编者

2023 年 3 月

目 录

第 3 章
神奇的"小海龟"（Turtle）

第 4 章
程序的流程控制

第 5 章
函数与模块

第 6 章
组合数据类型

第7章
异常处理和文件操作

第8章
面向对象程序设计

第9章
图形用户界面

第 1 章　编程前的准备工作

学习目标

- 了解 Python 语言的特点。
- 掌握安装 Python 3.x 运行环境的方法。
- 掌握在交互方式下运行 Python 程序的方法。
- 掌握在集成开发环境中建立、保存、打开、编辑以及运行 Python 程序文件的方法。
- 掌握 Python 内置函数 help() 和 print() 的使用方法。
- 掌握在程序中添加注释的方法，并学会利用注释提升程序的可读性。

程序设计（编程）是一项非常热门的计算机应用能力，Python 语言使学习这项新技能变得非常容易。在深入学习编程之前，我们需要先了解它的基础知识，并为今后的学习做准备。本章将讨论 Python 语言的特点、如何搭建 Python 语言的开发环境，以及如何编辑和运行一个简单的 Python 程序。

1.1　关于编程

众所周知，计算机在人们的工作和生活中发挥了巨大的作用，它可以帮助人们完成非常复杂的计算工作，处理海量的数据，分析数据之间的关系，最后还可以以图形化的方式将处理结果展现在人们的面前。那么，计算机是如何完成这些工作的呢？

关于编程

其实，计算机并不是天生就具备这些超强的能力，它只不过是按照人们预先设置好的**程序（program）**一步一步地完成自己的工作，而程序就是一组告诉计算机应该如何正确工作的指令集合。因为计算机的计算速度特别快，所以使用计算机可以极大提高人们的工作效率。

简单地说，程序设计也就是**编程（programming）**，是让计算机按照**程序员（programmer）**给出的指令去做一些它能够胜任的工作，如解一个方程、绘制一幅图像、获取一张网页上的数据等。如果给计算机下达指令，就需要使用计算机能够理解的语言和它交流。计算机能够理解的语言，称为**程序设计语言（programming language）**。本书的核心内容就是教你使用一门程序设计语言——Python。使用这门语言，计算机就可以帮助你把工作做得更快、更好。

1.2 关于 Python

关于 Python

Python 的设计哲学是"简单""优雅""明确"。在学习 Python 语言的过程中，就会发现这门编程语言是如此简单，它可以让程序员更加专注于设计求解问题的方案，而非拘泥于程序语言本身的语法与结构。同时，Python 语言清晰、简洁的语法规则也让调试程序变得更加容易。

Python 的官方网站是这样描述这门语言的，"**Python** 是一款易于学习且功能强大的开放源代码的编程语言。它可以快速帮助人们完成各种编程任务，并且能够把用其他语言制作的各种模块很轻松地联结在一起。使用 Python 编写的程序可以在绝大多数平台上顺利运行"。

1.2.1 Python 语言的特点

选择 Python 语言作为程序设计的入门语言，其主要原因是相比于其他计算机编程语言，它具有以下特点。

（1）**简单**（**simple**）。Python 是一门语法简单且风格简约的语言。阅读一份优秀的 Python 程序就如同在阅读英语文章一样，尽管这门"英语"也会有严格的语法格式。Python 这种接近自然语言的书写特质正是它的一大优势，它能够让程序员专注于解决问题的方案，而不是语言本身。

（2）**易于学习**（**easy to learn**）。Python 是一门非常容易入门的语言，它具有一套简单的语法体系，这样也极大降低了学习计算机编程的门槛。

（3）**自由且开源**（**free and open source**）。Python 是 FLOSS（自由/开放源代码软件）的成员之一。简单来说，可以自由地分发这一软件的副本、阅读它的源代码，并对其做出改动，或是将它的一部分运用于一款新的自由程序中。FLOSS 基于一个可分享知识的社区理念而创建。这正是 Python 能如此优秀的一大原因——它由一群希望看到 Python 能变得更好的社区成员创造，并持续改进至今。

（4）**高级语言**（**high-level language**）。就像其他的计算机高级语言一样，在用 Python 编写程序时，不必考虑诸如程序应当如何使用 CPU 或者内存等具体实现细节。

（5）**跨平台性**（**portable**）。由于其开放源码的特性，Python 已经被移植到其他诸多软件操作平台（如 Windows、macOS、Linux、iOS、Android 等）中。如果程序员已经小心地避开了所有系统依赖型的特性，不必做出任何改动，所编写的 Python 程序就可以在其中任何一个平台上工作。

（6）**解释运行**（**interpreted**）。使用诸如 C 或 C++等具有编译运行特点的语言编写程序时，必须将源代码通过**编译程序**（**compiler**）转换成计算机使用的语言（由 0 与 1 构成的二进制码），这样当需要运行这些程序时，链接程序或载入程序会将待运行的程序从硬盘复制到内存中，再将其运行。然而，作为具有解释运行特点的 Python 语言，不需要将其编译成二进制码，只需直接从源代码运行该程序。在程序内部，Python 会将源代码转换为**字节码**（**bytecodes**）的中间形式，然后转换成计算机使用的语言并运行它。实际上，这一流程使得 Python 语言更加易于使用，而不必担心该如何编译程序或如何保证合适的程序库被正确地链接并加载等。这种运行程序的方式使得 Python 程序更加易于迁移，程序员只需要将 Python 程序复制到另一台计算机便可让它立即开始工作。

（7）**面向对象**（**object oriented**）。Python 同时支持面向过程编程与面向对象编程。在**面向过程**（**procedure oriented**）的编程语言中，程序仅仅是由带有可重用特性的子程序与函数构建起来的。在面向对象的编程语言中，程序是由结合了数据与功能的对象构建起来的。与 C++或 Java 这些大型的面向对象语言相比，Python 用特别的、功能强大又易于编写的方式来实现面向对象编程。

（8）**可扩展性**（**extensible**）。如果需要程序的某一重要部分能够快速地被运行或希望算法的某些部分不被公开，程序员可以在 C 或 C++语言中编写这些程序，然后将其运用于 Python 程序中，Python

< 2 >

可以完美地与这些使用其他语言编写的程序一起工作。

（9）可嵌入性（**embeddable**）。在 C 或 C++ 程序中可以嵌入 Python 程序，从而向程序员提供**编写脚本（scripting）**的功能。

（10）丰富的程序库（**extensive libraries**）。实际上 Python 标准程序库的规模已经非常庞大。它能够帮助用户完成诸多事情，包括正则表达式、文档生成、单元测试、多线程、数据库、网页浏览器、电子邮件、密码系统、图形用户界面，以及其他系统依赖型的活动。只需记住，只要安装了 Python，这些功能便随时可用。

除了 Python 的标准程序库以外，还可以在 Python 程序库索引中发掘许多其他高质量的第三方程序库。

Python 实在是一门令人心生激动且功能强大的语言。它恰当地结合了性能与功能，使得编写 Python 程序是如此简易又充满了乐趣。

1.2.2　Python 2 与 Python 3

不同版本的 Python 在程序语法上并不兼容，即遵循 Python 2 语法书写的源程序无法顺利地在 Python 3 的运行环境中运行，反之亦然。本书是以 **Python 3** 作为默认运行环境而撰写成的。

只要正确理解并学习了其中一个版本的 Python，就可以很容易地理解它与另一版本的区别，并能快速学习如何使用另一版本的 Python。在学习中，真正困难的是学习如何编程以及理解 Python 语言的基础部分。这便是本书希望讨论的关键目标，而一旦达成了该目标，便可以根据实际情况，决定是使用 Python 2 还是使用 Python 3。

要想了解有关 Python 2 和 Python 3 之间区别的更多细节，读者可自行在网上查询学习。

1.3　安装 Python 运行环境

安装 Python 运行环境

在 Windows 下安装

1.3.1　在 Windows 下安装

由于 Python 从 3.9 版本开始不再支持 Windows 7 操作系统，因此本书选择以 Python 3.8 作为全书范例的默认版本，请读者根据自己所使用的 Windows 版本（Windows 10 或者 Windows 7 的 32 位/64 位）从官方网站上下载对应的安装文件，下载页面如图 1-1 所示。Python 运行环境的安装过程与 Windows 平台其他软件的安装过程并没有太大的差别。

Files

Version	Operating System	Description	MD5 Sum	File Size	GPG
Gzipped source tarball	Source release		e1f40f4fc9ccc781fcbf8d4e86c46660	24468684	SIG
XZ compressed source tarball	Source release		60fe018fffc7f33818e6c340d29e2db9	18261096	SIG
macOS 64-bit Intel installer	Mac OS X	for macOS 10.9 and later	3f609e58e06685f27ff3306bbcae6565	29801336	SIG
Windows embeddable package (32-bit)	Windows		efbe9f5f3a6f166c7c9b7dbebbe2cb24	7328313	SIG
Windows embeddable package (64-bit)	Windows		61db96411fc00aea8a06e7e25cab2df7	8190247	SIG
Windows help file	Windows		8d59fd3d833e969af23b212537a27c15	8534307	SIG
Windows installer (32-bit)	Windows		ed99dc2ec9057a60ca3591ccce29e9e4	27064968	SIG
Windows installer (64-bit)	Windows	Recommended	325ec7acd0e319963b505aea877a23a4	28151648	SIG

图 1-1　根据 Windows 版本选择对应的安装程序进行下载

< 3 >

需要注意的是，请务必在安装界面中确认勾选了"Add Python 3.8 to PATH"选项，如图 1-2 所示。

图 1-2　安装时请勾选"Add Python 3.8 to PATH"选项

1.3.2　在 macOS 下安装

在 macOS 下安装

对于 macOS 用户来说，既可以使用 Homebrew 并通过命令 brew install python 3 进行安装，也可以在官方网站下载对应的 macOS 版本安装程序进行安装，如图 1-3 所示。

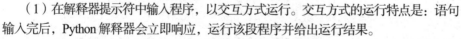

图 1-3　下载对应的 macOS 版本安装程序以安装 Python 3

验证安装是否成功，可以按 Command+Space 组合键（以启动 Spotlight 搜索），输入 terminal 并按下 Enter 键启动终端程序。接着，在终端中执行 python 3 命令，并确保其没有任何错误。

1.4　第一个 Python 程序

本节将介绍如何在 Python 中运行一个经典的"Hello world!"程序，包括如何编写、保存与运行 Python 程序。

运行 Python 程序有以下两种方法。

（1）在解释器提示符中输入程序，以交互方式运行。交互方式的运行特点是：语句输入完后，Python 解释器会立即响应，运行该段程序并给出运行结果。

（2）将程序保存在以".py"扩展名结尾的源程序文件中，以文件方式运行。文件方式的运行特点是：需要先将程序保存在源程序文件中，由 Python 解释器读取并运行保存在源文件中的程序。

下面具体介绍如何使用这两种方法运行 Python 程序。

< 4 >

1.4.1 在交互方式下运行 Python 程序

在 macOS 操作系统中打开终端（terminal）程序，或者在 Windows 操作系统中打开命令提示符程序，然后输入 python 3（macOS 下）或者 python（Windows 下）并按 Enter 键来启动 Python 解释器。

启动 Python 解释器后，会出现“>>>”。“>>>”被称作 **Python 解释器提示符**（**Python interpreter prompt**）。

在 Python 解释器提示符后输入以下语句，请特别注意不必输入语句前的“>>>”。在本书中，语句前的“>>>”表示当前语句是在 Python 解释器提示符后输入的，即以交互方式运行的语句。

```
>>> print("Hello world!")
Hello world!
```

在输入完成后按 Enter 键，会看到该语句的下方出现“Hello world!”字样。

在交互方式下，Python 立即输出了一行结果。刚才输入的便是一句独立的 Python 语句。使用 print() 函数可以输出用户提供的信息。这里提供了文本 Hello world!，然后它便被迅速输出到屏幕上。

有趣的是，在交互方式下，可以在解释器提示符后直接输入各种算式，Python 会将算式的计算结果直接输出出来，而不必将算式放在 print()函数中。例如，在 Python 解释器提示符后输入以下语句：

```
>>> 1+1
2
```

输入完成后按 Enter 键，会看到本条算式的计算结果 2 显示在语句下方。

同时，在交互方式下，使用特殊符号“_”（下画线）表示上一条算式的计算结果。例如，在 Python 解释器提示符后输入以下语句：

```
>>> _*2
4
```

输入完成后按 Enter 键，会看到本条算式的计算结果 4 显示在语句下方。之所以结果为 4，是因为本条语句中的下画线代表了上一条算式的计算结果 2，Python 会将其与本条语句中的另一个数 2 做乘法运算，得到最终结果 4。

最后，如果要退出提示符，只需在解释器提示符后输入：

```
>>> exit()
```

注意

exit 后要包含一个括号()，并按 Enter 键来退出解释器提示符。

在 macOS 的终端程序中，上述操作的运行过程如图 1-4 所示。

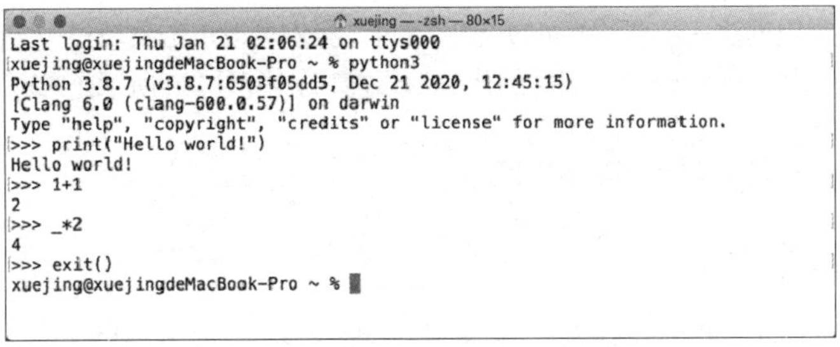

```
Last login: Thu Jan 21 02:06:24 on ttys000
xuejing@xuejingdeMacBook-Pro ~ % python3
Python 3.8.7 (v3.8.7:6503f05dd5, Dec 21 2020, 12:45:15)
[Clang 6.0 (clang-600.0.57)] on darwin
Type "help", "copyright", "credits" or "license" for more information.
>>> print("Hello world!")
Hello world!
>>> 1+1
2
>>> _*2
4
>>> exit()
xuejing@xuejingdeMacBook-Pro ~ %
```

图 1-4 在 Python 解释器提示符中运行 print("Hello world!")等语句

1.4.2 选择一款代码编辑软件

当我们希望运行某些程序时，总不能每次都在解释器提示符中反复输入这些程序。因此，我们需要将 Python 程序代码保存在文件中，以便可在日后反复修改或者运行文件中的程序。同时，为了让计算机能够正确识别这些程序文件，Python 程序的文件名必须以 ".py" 结束，即 Python 程序文件的扩展名为 ".py"。

创建 Python 程序文件需要一款能够提供输入并存储程序代码的编辑器软件。一款优秀的编辑器能够帮助用户更轻松地编写 Python 程序，使用户的"编程之旅"更加舒适，并帮助其找到一条更加安全、快速的道路到达目的地。

对编辑器的最基本要求为**语法高亮**，这一功能通过标以不同的颜色来帮助区分 Python 程序中的不同部分，从而更好地阅读程序，并使它的运行模式更加形象化。

本书推荐使用 **Python 自带的 IDLE** 或者 **PyCharm 教育版**软件，它们在 Windows、macOS、GNU/Linux 上都可以正常工作。在下一节，你将了解到更多信息。

如果你使用的是 Windows 系统，不要用记事本——这是一个很糟糕的选择，因为它没有语法高亮功能，而且不支持文本缩进，之后你将会慢慢了解这一功能究竟有多重要。而一款好的编辑器能够自动帮助你完成这一工作。

如果你已是一名经验丰富的程序员，那一定在用 Sublimes Text 或 Visual Studio Code 了。无须多言，它们都是最强大的编辑器之一，用它们来编写 Python 程序自是受益颇多。

再次重申，你可以选择任意一款合适的编辑器——它能够让编写 Python 程序变得更加有趣且容易。同时，此刻你更应该专注于学习 Python 本身而不是编辑器的使用方法。

1.4.3 集成开发和学习环境 IDLE

IDLE（Integrated Development and Learning Environment）是 Python 自带的集成开发工具，用户安装完 Python 运行环境时，就可以在计算机中找到并通过鼠标双击打开它。对于 Windows 用户来说，单击 Windows 操作系统的"开始"菜单，然后依次选择"所有程序"→"Python 3.8"→"IDLE(Python 3.8 64-bit)"。对于 macOS 用户来说，按 Command+Space 组合键（以启动 Spotlight 搜索），输入 IDLE 并按 Enter 键启动 IDLE 集成开发工具。

（1）打开 IDLE 后，默认打开的是 IDLE Shell 窗口，如图 1-5 所示。我们可以在该窗口中的解释器提示符 ">>>" 后输入 Python 语句并按 Enter 键运行，语句的运行效果与交互方式下的一致。

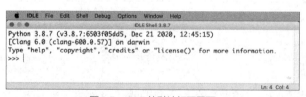

图 1-5 IDLE 的默认打开界面

（2）在 IDLE 中要想创建一个新的 Python 程序文件，我们可以单击菜单栏中 "File" 菜单下的 "New File" 菜单项，此时屏幕上会出现一个空白的代码编辑窗口，如图 1-6 所示。

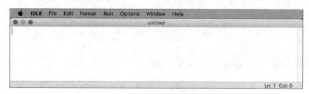

图 1-6 在 IDLE 中新建的代码编辑窗口

< 6 >

（3）在新建好的代码编辑窗口中输入以下内容，特别注意不要输入中文的标点符号。

```
print("Hello world!")
```

（4）输入完后，单击菜单栏中"Run"菜单下的"Run Module"菜单项，如图 1-7 所示。

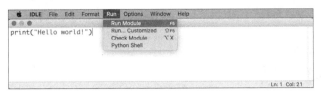

图 1-7　运行 Python 程序文件

（5）此时，IDLE 将会弹出一个对话框，提示当前程序尚未保存，单击对话框中的 OK 按钮，如图 1-8 所示。

图 1-8　IDLE 会在运行程序前提示先进行保存程序的操作

（6）在弹出的保存文件对话框中，选择桌面作为程序存储的位置，并在"Save As"栏中输入程序的文件名"Hello"，单击 Save 按钮完成保存操作，如图 1-9 所示。该操作将会把编辑好的程序文件以"Hello.py"为文件名保存在桌面上。

图 1-9　将编辑好的程序文件以 Hello.py 为文件名保存在桌面上

（7）保存操作结束后，便可以在 IDLE Shell 窗口中看到程序的输出结果，如图 1-10 所示。

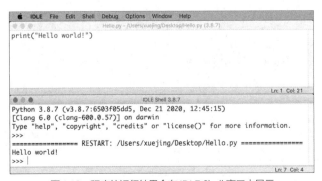

图 1-10　程序的运行结果会在 IDLE Shell 窗口中显示

< 7 >

1.4.4 第三方集成开发工具 PyCharm

PyCharm 教育版是一款有助于编写 Python 程序的免费开发工具，读者可以在其官网进行下载。

（1）打开 PyCharm 教育版时，会看见图 1-11 所示的界面，单击 New Project 按钮。

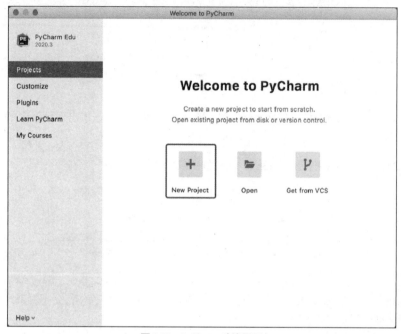

图 1-11　PyCharm 欢迎界面

（2）在图 1-12 所示的界面中，先确认 Create a main.py welcome script 选项未被勾选，再单击右下方的 Create 按钮，即可创建一个空白的项目。

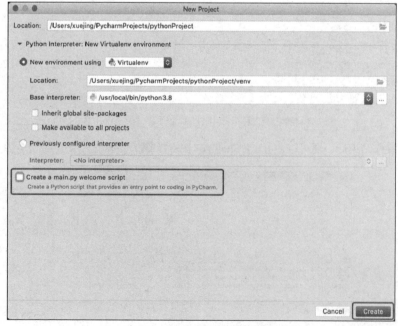

图 1-12　在 PyCharm 中创建空项目

< 8 >

（3）建立好项目之后，在图 1-13 所示的界面中，右击选中侧边栏中的项目名称，并选择"New"→"Python File"，以建立一个新的 Python 程序文件。

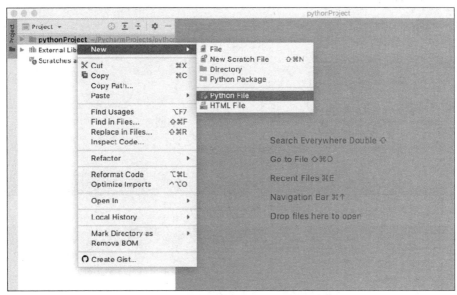

图 1-13　新建 Python 程序文件

（4）输入程序的名称，这里输入"Hello"，这是第一个程序的名称，如图 1-14 所示，输入完毕按 Enter 键确认。

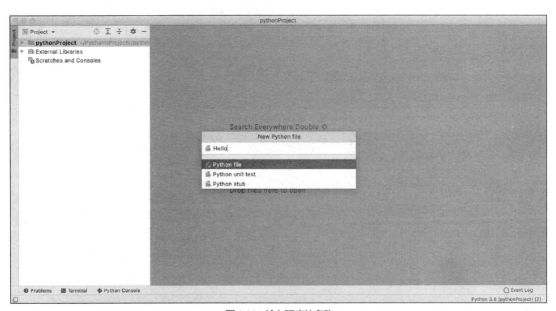

图 1-14　输入程序的名称

现在可以看见一个新建好的空白程序文件，如图 1-15 所示。

（5）在新建好的代码编辑窗口中输入以下内容，特别注意不要输入中文的标点符号。

```
print("Hello world!")
```

（6）用鼠标右击输入的内容（无须选中文本），然后单击"Run 'Hello'"，如图 1-16 所示。

< 9 >

图 1-15　新建好的空白程序文件

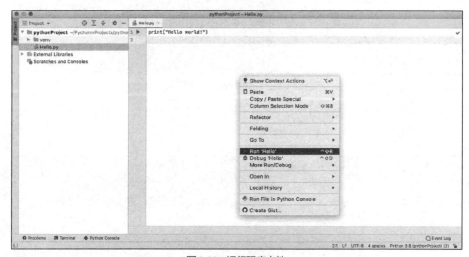

图 1-16　运行程序文件

此时可以看到程序输出的内容，如图 1-17 所示。

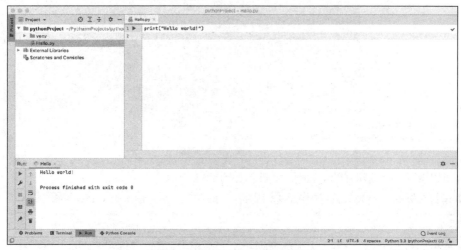

图 1-17　程序运行后会输出相应的结果

< 10 >

（7）在 PyCharm 中，同样可以以交互方式运行程序，具体的方法是单击窗口下方的"Python Console"标签，打开 Python 控制台面板，如图 1-18 所示。

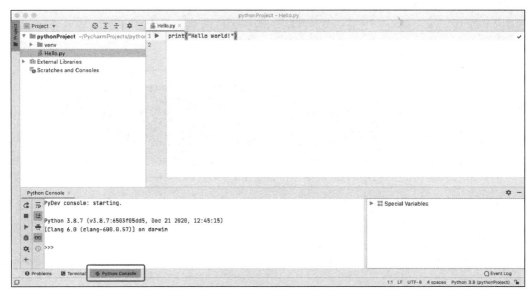

图 1-18　单击 Python Console 标签进入交互方式

（8）在 Python 解释器提示符后输入以下语句：

```
>>> print("Hello world!")
```

输入完成后按 Enter 键，会看到语句下方出现"Hello world!"字样，如图 1-19 所示。

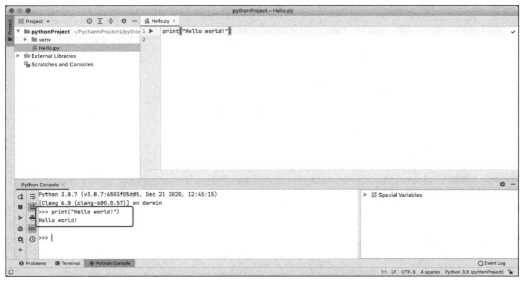

图 1-19　在 PyCharm 中以交互方式运行程序

1.4.5　在终端中运行 Python 程序

在上一小节中我们学习了如何使用一款代码编辑器软件来完成程序代码的创建、保存和运行的相关操作。如果想要在终端直接运行一段从网络上下载的 Python 程序，此时可以按以下步骤操作。

（1）打开终端（macOS 下）或者命令提示符（Windows 下）软件。

< 11 >

（2）使用 cd 命令修改目录到保存文件的位置，如 cd /tmp/py。

（3）输入命令"python 3 程序文件名"（macOS 下）或者"python 程序文件名"（Windows 下）来运行程序。

例如，在 Windows 的命令提示符中运行保存好的 hello.py 程序（假设 hello.py 保存在 C:\Temp\HelloWorld 文件夹下）的输出结果如图 1-20 所示。

图 1-20　在命令提示符中运行 Python 程序的操作过程

恭喜你！——你已经成功完成了第一个 Python 程序的编辑和运行，亦成功开启了学习编程之门。

如果在操作中出现问题，请确认是否已经正确输入了上面列出的内容，并尝试重新运行程序。注意，Python 是区分字母大小写的，如 print 和 Print 是不同的。此外，还需要确保每一行的第一个字符前面都没有任何空格或制表格。我们将在后续章节中介绍为什么字符的格式对于 Python 程序格外重要。

1.4.6　Python 之禅

无论使用哪一种编程工具来书写 Python 语言程序，如果想产出高质量的程序代码，本书强烈建议在 Python 的交互方式中输入 import this 语句，Python 会给出设计程序的基本原则。这些基本原则才是程序员在程序设计过程中需要经常思考并努力实现的目标。

```
>>> import this
The Zen of Python, by Tim Peters

Beautiful is better than ugly.
Explicit is better than implicit.
Simple is better than complex.
Complex is better than complicated.
Flat is better than nested.
Sparse is better than dense.
Readability counts.
Special cases aren't special enough to break the rules.
Although practicality beats purity.
Errors should never pass silently.
Unless explicitly silenced.
In the face of ambiguity, refuse the temptation to guess.
There should be one-- and preferably only one --obvious way to do it.
Although that way may not be obvious at first unless you're Dutch.
Now is better than never.
Although never is often better than *right* now.
If the implementation is hard to explain, it's a bad idea.
If the implementation is easy to explain, it may be a good idea.
Namespaces are one honking great idea -- let's do more of those!
```

为了方便读者理解，本书引用了网络上的翻译，并稍稍做了修改。

优美胜于丑陋。（Python 以编写优美的程序为目标）
明了胜于晦涩。（优美的程序应当是明了的，见名知义，风格相似）

< 12 >

简洁胜于复杂。（优美的程序应当是简洁的，不要有复杂的内部实现）

复杂胜于难懂。（如果复杂不可避免，那么程序间也不能有难懂的关系，要保持接口简洁）

扁平胜于嵌套。（优美的程序应当是结构流畅的，不能有太多的嵌套）

间隔胜于紧凑。（优美的程序有适当的间隔便于阅读，千万不要把程序都堆放在一起）

可读性很重要。（优美的程序是给更多的人阅读并使用的，给别人方便就是给自己方便）

尽管为了实现更多的功能，程序会越来越复杂，但特例也不能凌驾于规则之上。

不要忽略任何错误，除非你确认要这么做。（任何小错误，都可能会让你的程序崩溃）

当存在多种可能时，不要尝试去猜测。（程序应该尽最大努力处理可能遇到的各种情况）

尽量找一种，最好是唯一一种明显的解决方案。（因为不明显的东西，别人不一定能看明白）

虽然一开始这种方法并不是显而易见的，因为你不是"Python之父"。（编程需要多多练习）

做也许好过不做，但没有思考的做还不如不做。（思考才是学习编程的主要方法）

如果实现过程很难解释，那它就是一个坏想法。（不去写连自己都无法理解的程序）

如果实现过程容易解释，那它有可能是一个好想法。（易于实现的方法将会提高编程效率）

命名空间是个绝妙的想法，请多加利用！（命名空间就是文件夹，程序员应该将程序文件分类整理到文件中）

1.5 内置函数 print()

在 Hello world!程序中我们用到了一个非常有用的 Python 内置函数 print()，该函数的主要功能是将圆括号中函数的参数进行输出。程序员在编写程序时，每一个函数都必须按照其语法格式进行使用。print()函数的语法格式为：

内置函数 print()

print(value, ..., sep=' ', end='\n', file=sys.stdout, flush=False)

其中，第一个参数 value 代表需要输出的数据，之后的...代表 print()函数可以接收不止一个需要输出的数据作为参数，例如在 Python 解释器提示符后输入：

```
>>> print("Hello","world")
Hello world
```

可以看到，语句运行的结果是将 Hello 和 world 两个单词都输出在了屏幕上。

在 print()函数的语法格式中还包括 sep、end、file、flush 4 个关键字参数。之所以称它们为关键字参数，是因为在指定关键字参数的参数值时，必须在参数值前方加上参数名称和一个 "="，以表明参数名和参数值之间的对应关系。例如，在 Python 解释器提示符后输入：

```
>>> print("Hello","world",sep="+")
Hello+world
```

可以看到，此时语句运行的结果依然是 Hello 和 world 两个单词，但与前一次不一样的是，单词之间的分隔符是一个加号。由此可知，sep 参数的作用是指定输出时的分隔符，在输出多个数据的时候用来将它们隔开。

仔细观察一下 print()函数的语法格式，还可以看到在 sep 参数的右边有一个 "="，在 "=" 的右边有一个由单引号包含起来的空格字符（单引号和双引号的作用都是用来表示字符串，并没有什么不同）。结合前面的例子可以得知，此处 "=" 右边的空格字符表示 sep 参数的默认值，即在程序员没有指定 sep 参数且输出多个数据的时候，Python 会以空格作为数据之间的分隔符进行使用。

在理解了 sep 参数的作用之后，在 Python 解释器提示符后输入：

```
>>> print("Hello","world",sep="+",end="!")
Hello+world!
```

可以看到，这一次语句运行的结果与前一次不一样的地方是，输出完所有的单词之后，Python 还

< 13 >

输出了一个感叹号。由此可知，end 参数的作用是指定输出结束时所使用的结束字符。

仔细观察一下 print()函数的语法格式，可以看到 end 参数的默认值是字符 "\n"，这是一个特殊字符，它代表了计算机中的换行符，具体内容会在本书的后续章节进行展开。

在代码编辑软件中，新建一个 Python 程序文件，在文件中输入以下程序：

```
print("Hello")
print()
print("world!")
```

保存并运行该程序文件，可以在屏幕上看到如下运行结果：

```
Hello

world!
```

由上面程序的运行结果可以知道，每一次 print()函数进行输出的最后都会输出 end 参数的内容，默认情况下，该参数的内容为换行符，所以即便上述程序中第 2 个 print()函数中没有指定任何参数，也会输出一个换行符，其效果就是在屏幕上留下了空白的一行。

在 end 参数之后的 file 参数表示 print()函数应该将数据输出到哪里，默认的情况是输出到 sys.stdout 中，该参数值表示系统标准输出位置；对于 IDLE 来说，Shell 窗口就是系统标准输出位置。如果希望将 print()函数的输出结果保存到文件中，我们可以在代码编辑软件中编写以下程序：

```
f=open("hello.txt","w")
print("Hello world!",file=f)
f.close()
```

上述程序中，第一行表示打开一个名为 hello.txt 的文本文件并将其存储在 f 中，第二行表示将数据输出到 f 所代表的文件即 hello.txt 中，第三行表示关闭 f 中存储的文件对象。其中，涉及的文件操作将会在后续的章节中展开，此处只关注 print()函数中 file 参数的具体作用。保存并运行该程序文件，即可在程序文件所在的文件夹中产生一个名为 "hello.txt" 的文本文件，双击打开之后，可以看见文件内容为 "Hello world!"。

print()函数的最后一个参数表示是否需要在输出的过程中及时清空内存。例如，在上述程序中，如果使用默认值，即设置 flush=False，效果为只有在文件关闭后才可以看到输出的内容（此前需要输出的数据都会保存在计算机的内存中）。如果希望可以在文件关闭之前，实时看见程序在文件中的输出内容，则应该将参数 flush 设置为 True，即：

```
print("Hello world!",file=f,flush=True)
```

1.6 内置函数 help()

通过上一小节的学习，可以知道在编写程序的过程中，一定要按照规定的语法格式来使用函数，那么哪里可以查到这些函数的语法格式呢？

第一种方法：打开浏览器，以 Python 和函数名作为关键字在网络上搜索相关函数使用方法。

第二种方法：在 Python 解释器中使用内置函数 help()启动内置的帮助系统，帮助我们快速找到该函数的相关信息。内置函数 help()的语法格式如下：

help([object])

其中圆括号中的参数 object 代表要查询的帮助主题，例如在 Python 解释器提示符后输入：

内置函数 help()

< 14 >

```
>>> help(print)
```

按 Enter 键运行上述语句后，将会在语句下方显示 print() 函数提供的帮助信息，如图 1-21 所示。

```
                            IDLE Shell 3.8.7
Python 3.8.7 (v3.8.7:6503f05dd5, Dec 21 2020, 12:45:15)
[Clang 6.0 (clang-600.0.57)] on darwin
Type "help", "copyright", "credits" or "license()" for more information.
>>> help(print)
Help on built-in function print in module builtins:

print(...)
    print(value, ..., sep=' ', end='\n', file=sys.stdout, flush=False)

    Prints the values to a stream, or to sys.stdout by default.
    Optional keyword arguments:
    file:  a file-like object (stream); defaults to the current sys.stdout.
    sep:   string inserted between values, default a space.
    end:   string appended after the last value, default a newline.
    flush: whether to forcibly flush the stream.

>>>
                                                          Ln: 17  Col: 4
```

图 1-21　在交互方式下查询 print() 函数的帮助信息

仔细观察 help() 函数的语法格式可以发现，object 参数由一个方括号包含，这个方括号表示 object 参数是可选参数，即表示可以在解释器提示符后直接输入没有任何参数的 help() 语句并按 Enter 键运行，其作用是启动 Python 自带的交互式帮助系统，读者可以自行尝试。

1.7　程序中的注释

为了提高程序的可读性，程序员会在程序中加入注释。在 Python 语言中，**注释**是任何存在于 # 右侧的文字。注释并不参与程序的运行，它的主要作用是说明一切有关程序的有用信息。例如：

程序中的注释

```
print('Hello world!')          # 双引号和单引号都可以用来包含字符串类型的数据
```

或者

```
# 双引号和单引号都可以用来包含字符串类型的数据
print('Hello world!')
```

在程序的编写过程中，应该尽可能多地使用有用的注释。它们将发挥以下重要的作用。

- 解释假设。
- 说明重要的决定。
- 解释重要的细节。
- 说明想要解决的问题。
- 说明想要在程序中克服的困难。

有一句非常有用的话叫作**程序会告诉你怎么做，注释会告诉你为何如此**。

对于程序设计的初学者，本书强烈建议在编写程序之前，先用注释将求解问题的步骤在程序中描述清楚，然后根据所写的注释进行程序的编写工作。例如，编写一个求解一元二次方程实数根的 Python 语言程序，根据该问题的求解步骤，可以在程序中先写出如下的注释：

```
# 本程序用于求解一元二次方程的实数根
# 首先需要确定一元二次方程的系数 a,b,c 的值
```

< 15 >

```
# 再根据 a,b,c 的值计算判别式 delta 的值
# 如果 delta 的值小于 0，则输出"方程没有实数根"
# 如果 delta 的值等于 0，则计算并返回方程唯一的实数根 x
# 若上述判定都不成立，即 delta 的值大于 0，则计算并返回方程的两个实数根 x1 和 x2
```

注释在程序中还有一个非常有用的功能，即对于一些暂时不需要运行的程序代码，程序员可以先不删除，而只需在它们前方加上#，把这些程序代码临时变成注释。只有确信永远都不需要这些程序代码时，再将它们从程序中删除。

$\boldsymbol{1.8}$ 续行符和语句分隔符

续行符和语句
分隔符

　　　当编写的程序越来越复杂时，有时可能会在一行中输入一条很长的语句。为了保证程序的美观和易读，此时可以使用**续行符**（\）将这条很长的语句分别摆放在连续的多行中。例如：

```
>>> print("我是一名程序员，\
我刚开始学习 Python")
我是一名程序员，我刚开始学习 Python
```

可以看到，Python 在运行这条语句时，会把由续行符分隔的上下两行连接在一起当作一条完整的语句来运行。

与续行符的功能相反，如果在一行内连续书写 2 个以上的语句，需要使用**语句分隔符**（;）将书写在同一行的语句进行分隔。例如：

```
>>> x=1;y=x+2;x+y
4
```

观察输出效果可知，上述 3 条语句在同一行中，被分号分隔，Python 会逐一运行，并输出运算结果。

$\boldsymbol{1.9}$ 本章小结

本章小结

本章介绍了搭建 Python 语言开发环境及编写、运行 Python 程序的相关知识。

程序设计能力是使用现代计算机技术解决现实问题的关键能力。为了帮助读者掌握这项非常重要的能力，本书选择 Python 语言作为学习编程的首选工具，是因为它足够简单易学且功能强大。

为了运行 Python 语言的程序，首先在官方网站下载运行环境，值得注意的是，Python 有两个不同的版本，分别是 Python 2 和 Python 3，不同版本的 Python 程序并不能相互兼容，本书的程序均可在 Python 3 的环境下运行。除了使用 Python 官方提供的开发工具 IDLE 以外，本书还推荐使用 PyCharm 作为 Python 程序的开发环境。

安装完 Python 运行及开发环境之后，即可在开发工具中创建和运行 Python 程序。Python 程序的运行方式有两种，分别是交互方式和文件方式。在交互方式下，Python 会立刻运行输入的程序并返回运行结果，而在文件方式中，程序员可以将程序代码放在文件名以.py 结尾的 Python 程序文件中，这样就可以反复修改或运行保存在文件中的程序。

< 16 >

在第一个程序 Hello world!中，我们用到了内置函数 print()，它的功能是将指定的参数进行输出。print()是 Python 众多内置函数中的一个，Python 的内置函数库中还包含了许多功能强大的其他函数。例如，内置函数 help()为程序员提供了一个强大的帮助系统，可以按照指定的主题快速、准确地返回帮助信息。

另外，注释也是组成计算机程序的重要组成部分。注释的主要作用是在程序中添加一些不参与运行的文字内容，这些文字内容会解释或说明程序中的语句，让计算机程序更具可读性，从而方便程序员日后进一步维护和完善程序。

1.10　课后习题

一、单选题

1. Python 语言的设计哲学不包含（　　　）。

  A. 简答　　　　　　B. 优雅　　　　　　C. 明确　　　　　　D. 高效

2. 程序员编写的 Python 语言程序无须修改就可以在其他支持 Python 运行的平台上运行，这体现了 Python 语言具有（　　　）的特点。

  A. 跨平台性　　　　B. 易于维护　　　　C. 自由且开放　　　D. 解释运行

3. 计算机软件分类中，所谓"开源软件"指的是（　　　）。

  A. 处在开发源头的软件　　　　　　B. 开放源代码的软件

  C. 没有版权的软件　　　　　　　　D. 可以免费使用的软件

4. 与绝大多数程序设计语言遵循的"向下兼容"原则不同的是，（　　　）。

  A. Python 3.x 并不兼容 Python 2.x 的程序

  B. Python 3.x 可以兼容 Python 2.x 的程序

  C. Python 2.x 可以兼容 Python 3.x 的程序

  D. Python 2.x 和 Python 3.x 可以互相兼容彼此的程序

5. Python 解释器的提示符是（　　　）。

  A. $>　　　　　　　B. $$$　　　　　　C. >>>　　　　　　D. >_

6. 使用交互方式运行 Python 程序时，用于表示上一次运算结果的特殊符号是（　　　）。

  A. #　　　　　　　B. _　　　　　　　C. $　　　　　　　D. &

7. 通常将 Python 语言程序保存在一个扩展名为（　　　）的文件中。

  A. python　　　　　B. .py　　　　　　C. .pt　　　　　　D. .p

8. 在 Python 中，我们最常用来在屏幕上输出计算结果的功能函数是（　　　）。

  A. output()　　　　B. print()　　　　C. screen()　　　　D. write()

9. 在内置函数 print()中，关键字参数 end 的默认值是（　　　）。

  A. 一个英文空格　　　　　　　　　B. 一个换行符

  C. 一个英文半角逗号　　　　　　　D. 没有默认值

10. 下列选项中，（　　　）是正确的学习 Python 的经验。

  A. Python 的新版本往往会包含更多的功能，所以一定要安装最新版本的 Python 学习编程

  B. 范例程序都是非常简单的，所以完全没必要再去自己尝试编写这些程序了

  C. 为了保护自己的程序，程序中的注释应该越少越好，这样别人就看不懂了

  D. 学习编程需要理论联系实际，所以在学习编程的过程中一定要多上机、勤练习

< 17 >

二、填空题

1. 就像其他的计算机＿＿＿＿＿＿＿（低级语言/高级语言）一样，在用 Python 编写程序时，不必考虑诸如程序应当如何使用 CPU 或者内存等具体实现细节。

2. 作为具有＿＿＿＿＿＿＿（编译运行/解释运行）特点的 Python 语言，不需要将其编译成二进制码，只需直接从源代码运行该程序。

3. Python 语言＿＿＿＿＿＿＿（支持/不支持）面向对象的程序设计方法。

4. 以＿＿＿＿＿＿＿（交互方式/文件方式）运行 Python 程序的特点是：语句输入完后，Python 解释器会立即响应，运行该段程序并给出运行结果。

5. 在＿＿＿＿＿＿＿（交互方式/文件方式）下，直接输入各种算式，Python 会将算式的计算结果直接输出出来，而不必将算式放在 print()函数中。

6. 若要退出 Python 解释器，只需在提示符后输入＿＿＿＿＿＿＿语句或使用组合键 Ctrl+D。

7. 在 Python 语言解释器中输入＿＿＿＿＿＿＿语句，即可进入交互式帮助系统。

8. Python 语言中的注释以一个＿＿＿＿＿＿＿开始，直到行尾结束。

三、编程题

1. 编写程序，完成下列要求效果：使用 print()函数在屏幕上输出"Hello, Python!"。
输出样例：

```
Hello, Python!
```

2. 编写程序，完成下列要求效果：使用 print()函数在屏幕上输出"人生苦短，我用 Python"。
输出样例：

```
人生苦短，我用 Python
```

< 18 >

第**2**章 Python 语言基础

学习目标
- 理解程序设计中对象的概念，掌握 Python 中不同类型基本数据对象的表示方法。
- 理解变量的概念，掌握变量的使用方法。
- 理解运算符、表达式的概念，掌握运算符和表达式的使用方法。
- 掌握常用运算符的运算规则、优先级等特点。

只是打印出 Hello world 对于 Python 来说简直是大材小用。Python 可以做更多的工作，在这个过程中自然会存在很多关于运算的操作。本章将介绍如何让 Python 完成数据之间的运算，以及所需的相关知识。

2.1 常量和基本数据对象

2.1.1 对象

Python 将程序中出现的任何内容都统称为**对象**（**object**）。这是一种一般意义上的说法。在编写程序的工作中，程序员更愿意把程序中的内容称为"某某对象（object）"，而不是"某某东西（something）"。

常量和基本数据
对象

2.1.2 常量

在学习常量的概念之前，先看一些**常量**（**literal constants，也被称作字面量**）的例子，例如 5 或 1.23 这样的数字常量，又如"这是一串文本"或"This is a string"这样的字符串常量。

之所以称某些数据对象为常量或者字面量，是因为我们使用的就是这些对象字面意义上（**literal**）的值或是内容。不管在哪种应用场景中，数字 2 总是表示它本身的意义而不可能有其他的含义，所以它就是一个常量，因为它的值不能被改变。

下面通过介绍表示不同类型常量的方法，学习 Python 中基本数据对象的类型。

2.1.3 数字对象

常见的数字对象主要有 3 种类型——**整数**（**int**）**类型**、**浮点数**（**float**）**类型**与**复数**（**complex**）**类型**。

例如，2 或者 100 都是整数对象，它们没有小数点，也没有分数的表示形式。整数类型的对象有下列表示方法。

（1）十进制整数，即由 0 到 9 这 10 个数字组成的整数。十进制数是我们生活中最常使用的数字，遵循"逢十进一"的进位规则；表示十进制整数时不需要加任何前缀，如 1、100、12345 等。

（2）二进制整数，即由 0 和 1 两个数字组成的整数，遵循"逢二进一"的进位规则；表示二进制整数时以 0B 开头，B 可以是大写或小写，如 0B111、0b101、0b1111 等。

（3）八进制整数，即由 0 到 7 这 8 个数字组成的整数，遵循"逢八进一"的进位规则；表示八进制整数时以 0O 开头，O 可以是大写或小写，如 0o12、0o55、0O77 等。

（4）十六进制整数，即由 0 到 9 这 10 个数字和 A 到 F 这 6 个字母组成的整数，遵循"逢十六进一"的进位规则；表示十六进制整数时以 0X 开头，X 可以是大写或小写，如 0X10、0x5F、0xABCD 等。

整数类型数据对象的表示范围不会受到数据位数的限制，只受可用内存大小的限制。

与整数对象不同的是，浮点数对象指的是数字中带有小数点的数，如 3.23 或 52.3E-4 都是浮点数对象。其中，**E 表示 10 的幂**，且必须是一个整数。在这里，52.3E-4 表示的是 52.3×10^{-4}。其他合法的浮点数举例还有：1.0、-10.、.387、5e-4、3.429E6 等。

除了整数对象和浮点数对象，Python 还考虑到了**复数**对象的表示方式。复数是由实部和虚部组合在一起构成的数。例如，3+4j、3.1-4.1j，其中左边没有后缀的部分为实数部分，简称实部；右边以 j 作为后缀的部分为虚数部分，简称虚部。

2.1.4 逻辑值对象

与现实生活中一样，计算机中也有表示对和错、真和假这样的**逻辑型（bool）**数据对象，它们就是 True 和 False。正如字面上的意思，对象 **True** 表示真，用来表示某个命题是正确的；对象 **False** 表示假，用来表示某个命题是错误的。请记住，计算机中是没有半对半错的概念的，非假即真。

2.1.5 字符串对象

字符串类型（str）的数据对象就是一组字符的**序列（sequence）**。基本上，我们可以把字符串对象理解成一串词语的组合，该组合可以是任何字符的随意组合。

字符串对象将会在几乎所有的 Python 程序中被使用到，所以请务必关注以下细节。

（1）单引号。使用单引号可以指定字符串对象，例如，'将字符串这样包含进来'或'Quote me on this'。所有引号内的字符（包括各种特殊字符，诸如空格与制表符）都将按原样保留。

（2）双引号。被双引号包含的字符串对象和被单引号包含的字符串对象的工作机制完全相同。例如，"你的名字是？" 或 "What's your name?"。

（3）三引号。使用 3 个引号——"""（3 个双引号）或 '''（3 个单引号）可以指定多行字符串对象，因此，可以在三引号中随意换行，而且可以在三引号之间自由地使用单引号与双引号。例如：

```
'''这是一个多行字符串对象。这是它的第一行。
This is the second line.
"What's your name?" I asked.
He said "Bond, James Bond."
'''
```

（4）转义字符。如果使用单引号包含一个本身也含有单引号（'）的字符串，应该如何表示呢？例如，想要表示的字符串对象是 What's your name?，此时不能写成'What's your name?'，因为这种错误的形式会使 Python 对于何处是字符串的开始、何处又是字符串的结束感到困惑。此时，可以通过使用**转义字符（escape sequence，也称为转义序列）**来表示字符串中包含的单引号。在 Python 中通过\来表示一个转义字符。通过使用转义字符，可以将上述字符串对象表示为：'What\'s your name?'。

< 20 >

另一种指定这一特殊字符串对象的方式为："What's your name?"。同理，如果字符串对象中含有双引号，亦可以使用单引号把该字符串包含起来。

与上面讨论的问题相似，在使用双引号表示的字符串对象中，若字符串本身也包含双引号，则必须对字符串本身包含的双引号使用转义字符\"的表示形式。不难想象，由于字符\用于表示转义字符，因此如果需要在字符串中表示\，必须使用转义字符\\来表示它。

在 Python 中指定一串多行字符串对象可以使用如下两种方式：一种方式是使用如前所述的三引号字符串；另一种方式是使用一个转义字符\n 来表示新一行的开始。例如：

```
>>> print('This is the first line\nThis is the second line')
This is the first line
This is the second line
```

Python 中常见的转义字符如表 2-1 所示。

表 2-1　Python 中常见的转义字符

转义字符	含义	转义字符	含义
\'	单引号	\t	水平制表符
\"	双引号	\v	垂直制表符
\\	字符 "\" 本身	\r	回车符
\a	响铃	\f	换页符
\b	退格符	\ooo	以最多 3 位的八进制数作为编码值对应的字符
\n	换行符	\xhh	以必须为 2 位的十六进制数作为编码值对应的字符

（5）原始字符串。如果在字符串对象前增加 r 或 R 来指定一个**原始字符串**（**raw string**），那么该字符串中的转义字符将失去作用。例如，以下的语句将不会把 Hello world!分别输出在两行中。

```
>>> print(r"Hello\nworld!")
Hello\nworld!
```

2.1.6　空值对象

现实生活中，读者可能遇到过这样的场景：在一些搜集个人信息数据的表格中，某些项目的数据没有，此时就在表格单元中填写"无"。为了能在计算机程序中表示内容为"无"的数据对象，Python 语言包含了与之对应的空值对象 None。None 是一个非常特殊的数据对象，它既不是数字，也不是逻辑值，更不是字符串，它是一个 NoneType 类型的对象，而该类型的数据对象也只有一个，即 None。

2.2　数据对象的类型转换

2.2.1　内置函数 type()

为了更好地理解数据对象的类型，此处，在程序中引入内置函数 type()，该函数可以输出参数的对象类型。type()函数的语法格式如下：

type(object)

例如，在交互方式中输入以下命令可以得到各个常量的对象类型。

< 21 >

```
>>> type(100)
<class 'int'>
>>> type(3.14)
<class 'float'>
>>> type(3+2j)
<class 'complex'>
>>> type(True)
<class 'bool'>
>>> type("Hello")
<class 'str'>
>>> type(None)
<class 'NoneType'>
```

2.2.2 数据对象的类型转换函数

为了能让各种不同类型的数据对象更好地在一起工作，计算机通常需要将它们转换成相同的对象类型再进行接下来的运算工作。Python 提供了以下内置的类型转换函数供程序员使用。

（1）int()函数，其语法格式包括以下两种：

int([x])

或

int(x, base=10)

在 int()函数的第一种格式中，函数将依据参数 x 的内容生成一个整数对象，如果没有给定参数 x，函数返回 0。例如：

```
>>> int(-5.0)
-5
>>> int()                # 没有给定参数的时候，函数返回 0
0
>>> int(False)           # 参数为逻辑值 False 的时候，函数返回 0
0
>>> int(True)            # 参数为逻辑值 True 的时候，函数返回 1
1
```

在大部分关于数字对象的运算中，Python 会自动把整数类型的数据对象转换成浮点数类型，这是因为将整数对象变成浮点数对象并不会损失原来数字中的数据值，例如把 1 变成 1.0。但是将一个浮点数对象转换成整数对象，原数据中的小数部分会被舍弃，并且不考虑四舍五入。例如：

```
>>> int(10.5)
10
```

另外一个在关于数字对象的运算中进行自动类型转换的特例是：逻辑值 True 会被转换成 1 或者 1.0，逻辑值 False 会被转换成 0 或者 0.0。例如：

```
>>> 1 + True             # 从运算结果可以看出，True 被自动转换为 1
2
>>> 1 + False            # 从运算结果可以看出，False 被自动转换为 0
1
```

在 int()函数的第二种格式中，函数将依据字符串类型的参数 x，生成一个整数对象，参数 base 代表参数 x 所描述的整数对象的进制类型，base 参数的默认值为 10。例如：

```
>>> int('100')
100
>>> int('100', base=2)
```

< 22 >

```
4
>>> int('100', base=8)
64
>>> int('100', base=16)
256
```

如果 base 参数的值为 0，表示 int()函数将根据参数 x 所遵循的进制描述格式进行转换。例如：

```
>>> int('0b100', base=0)
4
```

（2）float()函数，其语法格式为：

float([x])

该函数将依据参数 x 的内容，生成一个浮点数对象，如果没有给定参数 x，函数返回 0.0。例如：

```
>>> float("3.55")
3.55
>>> float()
0.0
```

（3）complex()函数，其语法格式为：

complex([real[, imag]])

该函数将依据参数 real 和 imag 的内容，生成一个复数对象，其中参数 real 的值表示实部，参数 imag 的值表示虚部。如果没有给定参数 imag，函数将返回一个虚部为 0 的复数对象；如果参数 real 和参数 imag 都没有给定，函数将返回复数 0j。例如：

```
>>> complex(3,5)
(3+5j)
>>> complex(-6)
(-6+0j)
>>> complex()
0j
```

另外，如果 complex()函数的第一个参数为字符串对象，则会将其解析成一个复数并返回，此时 complex()函数不可以包含第二个参数。特别要注意的是，当第一个参数为字符串对象的时候，在实部和虚部的连接符号+或者-的前后位置均不可以包含空格，否则程序报错。例如：

```
>>> complex("2+5j")
(2+5j)
>>> complex("2+ 5j")              # 字符串中的加号后有一个空格，这会导致 complex()函数运行报错
Traceback (most recent call last):
  File "<pyshell#1>", line 1, in <module>
    complex("2+ 5j")
ValueError: complex() arg is a malformed string
```

（4）bool()函数，其语法格式为：

bool([x])

该函数将依据参数 x 的内容生成一个逻辑值对象，即 True 或者 False，如果没有给定参数 x，函数返回 False。参数 x 为以下情况时，函数将会返回 False，否则返回 True。

- 被定义为假值的常量：None 和 False。
- 任何数值类型的零：0、0.0、0j、Decimal(0)、Fraction(0,1)，其中 Decimal(0)也表示浮点数 0.0，与 float 类型的浮点数相比，由 Decimal()创建的浮点数对象具有更高的精度；Fraction(0,1)表示分数 $\frac{0}{1}$。
- 空的序列和多项集：''、()、[]、{}、set()、range(0)，第一项是一个单引号，即空字符串，之后

< 23 >

的表达形式分别代表空元组、空列表、空字典、空集合和空范围序列，这些内容将在本书的后续章节陆续介绍。

- 自定义对象，且该对象的 __bool__ 方法返回 False 或者 __len__ 方法返回 0，此处的相关知识与面向对象编程的章节内容有关，将在本书的后续章节中介绍。

例如：

```
>>> bool(0)              # 参数为整数的 0，返回 False
False
>>> bool(0.0)            # 参数为浮点数的 0.0，返回 False
False
>>> bool(100)            # 参数只要不是任何数值类型的 0，都将返回 True
True
>>> bool("")             # 参数仅为空字符串时，返回 False
False
>>> bool("False")        # 参数不为空字符串时，都将返回 True
True
>>> bool()               # 没有参数的时候，也将返回 False
False
```

（5）str()函数，其常见的一种语法格式为：

str(object='')

该函数将依据参数 object 的内容，生成一个字符串对象，其中 object 参数的默认值为一个空字符串。通过该函数可以将各种对象转换成对应的字符串对象，例如：

```
>>> str()                # 使用参数的默认值运行函数，得到一个空字符串
''
>>> str(0b1010)          # 参数 object 可以是各种进制的整数对象
'10'
>>> str(52.8e3)          # 参数 object 可以是各种形式的浮点数对象
'52800.0'
>>> str(True)            # str() 函数也可以将逻辑值转换成字符串形式
'True'
```

2.2.3 与进制转换有关的内置函数 bin()、oct()和 hex()

在本书 2.1.3 小节中，介绍了整数对象的 4 种常见进制：十进制、二进制、八进制、十六进制，以及这 4 种不同进制的整数对象表示方法。在 Python 中还可以使用 bin()、oct()、hex()内置函数分别得到一个整数的二进制、八进制、十六进制的表示形式。

其中，bin()函数的语法格式如下所示，函数的返回值为参数 x 的对应二进制表示形式。

bin(x)

oct()函数的语法格式如下所示，函数的返回值为参数 x 的对应八进制表示形式。

oct(x)

hex()函数的语法格式如下所示，函数的返回值为参数 x 的对应十六进制表示形式。

hex(x)

特别需要强调的是，以上 3 个函数的返回值均为字符串类型的对象。例如：

```
>>> bin(10)              # 整数 10 的二进制形式是 0b1010
'0b1010'
```

< 24 >

```
>>> oct(10)          # 整数 10 的八进制形式是 0o12
'0o12'
>>> hex(10)          # 整数 10 的十六进制形式是 0xa
'0xa'
```

2.2.4 与字符编码有关的内置函数 ord() 和 chr()

与数字一样，字符在计算机内也是以二进制的形式存储和使用的，一个字符对应的二进制整数被称作该字符的编码。例如，在美国标准信息交换码（American Standard Code for Information Interchange, ASCII）中，字符'a'至'z'的编码是 0110 0001 至 0111 1010（对应十进制数 97 至 122），字符'A'至'Z'的编码是 0100 0001 至 0101 1010（对应十进制数 65 至 90），字符'0'至'9'的编码是 0011 0000 至 0011 1001（对应十进制数 48 至 57）。

美国标准信息交换码中一共包含 128 个字符，其中只包括所有的大写和小写字母，数字 0 到 9、英文标点符号，以及一些控制字符。为了让计算机中的字符编码能够包含除 ASCII 之外的更多字符，Unicode 编码方案应运而生；它不仅可以完美兼容 ASCII 编码方案，而且已经几乎包含世界上所有的可书写语言字符。Python 语言中的字符编码采用的正是 Unicode 编码方案。

使用 Python 语言内置的 ord() 函数和 chr() 函数可以在单个字符和其对应的 Unicode 编码（以十进制表示）之间相互转换。ord() 函数的语法格式为：

ord(c)

其中，参数 c 为一个长度为 1 的字符串对象，即一个字符。ord() 函数的返回值就是该字符对应的十进制编码值。chr() 函数的功能正好与之相反，它的语法格式为：

chr(i)

其中，参数 i 为一个有效的 Unicode 编码值，范围为 0 至 1114111。chr() 函数的返回值就是该编码值对应的 Unicode 字符。例如：

```
>>> ord('A')         # 字母 A 的 Unicode 编码和 ASCII 编码是一致的，为 65
65
>>> ord('a')         # 字母 a 的 Unicode 编码和 ASCII 编码是一致的，为 97
97
>>> ord('汉')         # Unicode 编码支持汉字字符和其他语言字符
27721
>>> chr(48)          # 48 是字符 0 的编码值
'0'
```

在 Python 中如果比较两个字符的大小，其本质就是在比较两个字符的 Unicode 编码值的大小。例如：

```
>>> 'A'>'a'          # 大写字母的编码值小于小写字母的编码值
False
>>> 'a'<'z'          # 英文字母的编码值按照字母表的顺序递增
True
```

2.3 变量与赋值语句

变量与赋值语句

如果程序中的数据对象只用常量来表示，程序的阅读者很快就会对这样的程序感到无比烦躁，因

< 25 >

为程序的阅读者只能看到数据的字面值，而不能直观地了解数据代表的意思，从而也就无法理解程序的功能和作用。由此可知，在计算机程序中，一定要有一些能够存储各种数据对象且也能操纵它们的机制，同时这种机制应该能够让程序更加容易理解。这种对存储在内存中的数据对象进行命名的机制便是**变量**（**variables**）。正如其名称所述，变量所代表的内存空间是可以变化的，也就是说，可以用变量与存储在内存中的任何类型的数据对象进行关联。正如上文所述，在一段包含大量数据操作的程序中，程序员应该尽可能多地使用变量来关联程序中的数据对象，而非直接使用常量参与运算，同时让变量的名称最大程度表达所关联数据对象的功能和含义。

2.3.1　标识符命名

变量的名称需要符合标识符的合法规则。**标识符**（**identifiers**）就是为程序中的某些内容（例如变量、函数等）提供的名称。命名标识符需要遵守以下规则。

- 标识符中的字符可以是大写英文字母、小写英文字母、其他语言字符、数字（0～9）和下画线（_）。
- 标识符的第一个字符不能是数字（0～9）。
- 标识符中不能包含空格和除下画线以外的符号字符。
- 标识符名称中的英文字母区分大小写。例如，name 和 Name 不是同一个标识符。
- 标识符不可以与 Python 中的关键字名称相同。关键字是指在程序中有着特殊作用的字符组合，例如 2.1.4 小节中介绍的代表逻辑值真的 True 和代表逻辑值假的 False 就是两个关键字，再如 2.1.6 小节中介绍的代表空值对象的 None 也是一个关键字。Python 3.8 的官方文档中一共给出了 35 个关键字，如表 2-2 所示，它们的具体用法会在本书中逐一展开。

表 2-2　Python 3.8 中包含的关键字

False	await	else	import	pass
None	break	except	in	raise
True	class	finally	is	return
and	continue	for	lambda	try
as	def	from	nonlocal	while
assert	del	global	not	with
async	elif	if	or	yield

有效的标识符名称可以是 i 或 name_2_3，无效的标识符名称可能是 2things、this is spaced out、my-name、>a1b2_c3 和 class 等。

2.3.2　赋值语句

为了在程序中创建变量，并将程序中的对象与之关联，程序员需要使用赋值语句，其作用是将一系列对象与相应的一系列变量进行关联。在赋值语句中，最重要的是赋值号=。例如，以下程序分别将不同类型的对象与不同的变量进行关联。

```
>>> num1 = 100                # 变量 num1 代表整数 100
>>> num2 = 2.5                # 变量 num2 代表浮点数 2.5
>>> str1 = 'I love Python.'   # 变量 str1 代表字符串 I love Python.
```

Python 中可以用赋值号将若干个变量连接起来，并将同一个对象与它们进行关联。例如：

< 26 >

```
>>> x = y = z = 1
```

当以上语句运行完后，变量 x、变量 y、变量 z 都代表整数 1。

Python 中的赋值语句还支持在同一条语句中将多个变量与不同的对象进行关联，这样有助于缩短程序，并提高程序的可读性。例如：

```
>>> x,y,z = 1,2,3
```

在上面的语句中，Python 在一条赋值语句中完成了将变量 x 与整数 1 进行关联，将变量 y 与整数 2 进行关联，将变量 z 与整数 3 进行关联。请注意，使用赋值号给多个变量赋值时，务必要保证赋值号左边变量的个数与赋值号右边对象的个数保持一致，否则会导致程序出错。

再例如以下程序将会交换变量 x 和 y 中所关联的对象。

```
>>> x,y = y,x
```

在程序中，如果对同一个变量进行多次赋值，该变量仅会关联最近一次被赋值的对象。例如：

```
>>> x = 1                      # 当前的赋值语句运行后，变量 x 代表整数 1
>>> print(x,type(x))
1 <class 'int'>
>>> x = "Hello"                # 当前的赋值语句运行后，变量 x 代表字符串 Hello
>>> print(x,type(x))
Hello <class 'str'>
```

2.3.3　内置函数 id()

在 Python 语言中，存储在内存中的每一个对象都有一个自己的身份标识（identity），这个身份标识就好比现实生活中每个人的身份证号。通过识别对象的身份标识，程序便可以在内存中找到与之对应的存储空间。Python 中提供了内置函数 id() 来获得对象的身份标识，其语法格式为：

id(object)

其中，参数 object 可以是 Python 程序中的任何对象。例如：

```
>>> num1 = num2 = 2048
>>> id(num1)
140494822320368
>>> id(num2)
140494822320368
```

在上述程序中，可以看出变量 num1 和 num2 所关联对象的身份标识是一样的，即意味着在上述程序中这两个变量都代表了同一个整数对象 2048。

2.3.4　使用 del 语句删除变量

如果某个变量在程序中不再被用到，此时可以使用 del 语句将其删除。例如：

```
>>> var1 = var2 = "Hello world!"    # 将变量 var1 和 var2 与字符串对象进行关联
>>> del var1                        # 删除变量 var1
>>> print(var1)                     # 此时输出变量 var1，程序报错，因为变量已被删除
Traceback (most recent call last):
  File "<pyshell#23>", line 1, in <module>
    print(var1)
NameError: name 'var1' is not defined
>>> print(var2)                     # 程序依然可以正常输出变量 var2 关联的字符串对象
Hello world!
```

< 27 >

上述程序的运行结果表明，删除变量 var1 并不会导致将其关联的字符串对象也一并删除，因为变量 var2 也与字符串对象相关联，所以程序员依然可以使用变量 var2 对字符串对象进行操作。

2.4 运算符与表达式

程序中编写的大多数语句都包含了**表达式**（**expressions**）。一个表达式的简单例子是 2+3，我们可以将一个表达式理解成一条算式。表达式中一般需要包含**运算符**（**operators**）与**操作数**（**operands**）。

运算符与表达式

运算符是程序中表示特定运算操作的符号，在上面的例子中，+就是运算符，此时，它代表的是数字对象的加法运算。运算符需要一些数据对象来一起进行运算操作，这些数据对象就被称作**操作数**。在上面的例子中，整数对象 2 和 3 就是操作数。

接下来将简要介绍各类运算符及它们的用法。为了更好地理解各类运算符的作用，强烈建议读者在 Python 的命令行解释器中输入以下范例中的表达式内容，并观察输出结果。

2.4.1 算术运算符

下面是 Python 语言支持的算术运算符。

（1）+（加号）：表示加法运算，即将两个数字对象相加；如果操作数为字符串对象，则表示将字符串进行相连。例如：

```
>>> 5 + 3.5
8.5
>>> "Hello" + " " + "world!"      # 使用加号将 3 个字符串相连，其中第 2 个字符串是一个空格
'Hello world!'
```

（2）-（减号）：表示减法运算，即从一个对象中减去另一个对象，也可以用来表示负数。例如：

```
>>> 2 - 5
-3
```

（3）*（乘号）：表示乘法运算，即返回两个对象的乘积；如果一个操作数是字符串对象，另一个操作数是整数对象，则返回该字符串对象重复指定次数后的结果。例如：

```
>>> 2 * 3
6
>>> "la" * 3
'lalala'
```

（4）**（幂运算，求乘方）：算式 x**y 代表求 x^y。例如：

```
>>> 3 ** 4              # 即 3 * 3 * 3 * 3
81
```

（5）/（除号）：表示除法运算，结果为浮点数对象。例如：

```
>>> 12 / 3
4.0
>>> 13 / 3
4.333333333333333
```

（6）//（整除）：也表示除法运算，但结果只保留整数部分（向下取整）。例如：

< 28 >

```
>>> 13 // 2              # 比 6.5 小的整数是 6
6
>>> -13 // 2            # 比-6.5 小的整数是-7
-7
```

（7）%（模运算，求余数）：表示整除运算后的余数。例如：

```
>>> 13 % 3
1
>>> -25.5 % 2.5        # 计算思路：-25.5 - ( -25.5 // 2.5 * 2.5 )
2.0
```

2.4.2　关系运算符

所有关系运算符的返回结果均为 True 或 False。

（1）<（小于）：判断第一个操作数是否小于第二个操作数。例如：

```
>>> 5 < 3
False
>>> False < True        # False 对应的整数是 0，True 对应的整数是 1
True
```

关系运算可以任意组合成链接形式，例如：

```
>>> 3 < 5 < 7            # 结果为 True，因为 3<5 并且 5<7
True
```

（2）>（大于）：判断第一个操作数是否大于第二个操作数。例如：

```
>>> 9 > 4.5
True
>>> "abc" > "aaa"        # 字符串对象的比较方式为：从左至右比较第一个不相同字符的编码值大小
True
```

（3）<=（小于或等于）：判断第一个操作数是否小于或等于第二个操作数。例如：

```
>>> x,y = 3,6
>>> x <= y              # 关系运算符也可以对变量进行操作，用于比较各自关联的对象之间的关系
True
```

（4）>=（大于或等于）：判断第一个操作数是否大于或等于第二个操作数。例如：

```
>>> x,y = 4,4
>>> x >= y
True
```

（5）==（等于）：判断两个对象是否相等，注意这个运算符由两个连续的"="组成。特别注意，两个字符串对象相等的充要条件是：两者长度相等，且各个对应位置上的字符都相同。例如：

```
>>> x = 3
>>> y = 3.0
>>> x == y
True
>>> "abc" == "abc"
True
```

（6）!=（不等于）：判断两个对象是否不相等。例如：

```
>>> x,y = 2,3
>>> x != y
True
```

< 29 >

（7）is 和 is not 运算符：判断两个操作数是不是同一个对象。例如：

```
>>> x = 3
>>> y = 3.0
>>> id(x),id(y)              # 通过 id()函数，可以看出变量 x 和变量 y 代表的是两个不同的对象
(4483017472, 140487656053968)
>>> x is y                   # 判断两个操作数是否为同一个对象
False
>>> x is not y
True
```

（8）not in 和 in 运算符：判断第一个操作对象是否被第二个操作对象包含。例如：

```
>>> "H" in "Hello"
True
>>> "h" not in "Hello"     # 因为字符"h"和"H"的编码值不同，所以它们代表两个不一样的字符对象
True
```

2.4.3 逻辑运算符

（1）not（逻辑非）：对于算式 not x，如果操作数 x 的逻辑值为 False（即使用 bool()函数将操作数转换为逻辑值，结果为 False），则算式的运算结果为 True；否则，算式的运算结果为 False。例如：

```
>>> not False              # 如果 not 的操作数是逻辑常量，则运算结果就是它的相反值
True
>>> not 100                # 整数 100 通过 bool()函数判定后，返回值为 True，故最终结果为 False
False
>>> not 0.0                # 浮点数 0.0 通过 bool()函数判定后，返回值为 False，故最终结果为 True
True
>>> not ""                 # 空字符串通过 bool()函数判定后，返回值为 False，故最终结果为 True
True
>>> not None               # 空值 None 通过 bool()函数判定后，返回值为 False，故最终结果为 True
True
```

（2）and（逻辑与）：对于算式 x and y，如果操作数 x 的逻辑值为 False，则算式的运算结果就是操作数 x 的值；否则，算式的运算结果就是操作数 y 的值。例如：

```
>>> True and False         # 如果操作数是逻辑值常量，只有均为 True 的时候，语句运算结果才为 True
False
>>> 0.0 and 3.5            # 浮点数 0.0 通过 bool()函数判定后，返回值为 False，故最终结果为 0.0
0.0
>>> 8 and 5               # 整数 8 通过 bool()函数判定后，返回值为 True，故最终结果为 5
5
```

（3）or（逻辑或）：对于算式 x or y，如果操作数 x 的逻辑值为 True，则算式的运算结果就是操作数 x 的值，否则算式的运算结果就是操作数 y 的值。例如：

```
>>> True or False          # 如果操作数是逻辑值常量，只要其中有一个为 True，运算结果就为 True
True
>>> None or 3.5           # 空值 None 通过 bool()函数判定后，返回值为 False，故最终结果为 3.5
3.5
>>> "Hi" or 5            # 非空字符串通过 bool()函数判定后，返回值为 True，故最终结果为该字符串
'Hi'
```

< 30 >

2.4.4　条件运算符 if···else

Python 程序中支持条件运算符 if···else，该运算符的功能是通过判定某个条件是否成立，从而返回不同的运算结果。例如，表达式 x if C else y 首先是对条件 C 而非操作数 x 求值。如果条件 C 被判定为 True，操作数 x 将被求值并返回其值，否则将对操作数 y 求值并返回其值。例如：

```
>>> x = 20
>>> "x是偶数" if x % 2 == 0 else "x是奇数" # 通过判断x是否可以被2整除,从而判定x的奇偶性
'x是偶数'
>>> year = 2000
>>> "闰年" if (year % 4 == 0 and year % 100 != 0) or (year % 400 == 0) else "平年"
'闰年'
```

上述程序中，判断一个年份为闰年只需满足以下两种情况中的任意一种即可：一种情况是该年份对应的整数能被 4 整除且不能被 100 整除，另一种情况是该年份对应的整数能被 400 整除。

2.4.5　运算符的优先级

如果有一个诸如 2 + 3 * 4 的表达式，其是优先完成加法运算还是优先完成乘法运算呢？基础数学知识会告诉我们应该先完成乘法运算。这意味着，乘法运算符的优先级要高于加法运算符。

本书从 Python 官方文档中引用了常见运算符的运算优先级，其中按照从最低优先级到最高优先级的顺序进行罗列，如表 2-3 所示。这意味着，在一个 Python 表达式中，将优先运算列表中位置靠后的那些优先级较高的运算符与表达式。表 2-3 中处于同一行的运算符具有相同优先级，例如，+和-具有相同的优先级。

表 2-3　常见运算符的运算优先级（从低到高排序）

运算符	运算符描述
if···else	条件运算符
or	逻辑或运算
and	逻辑与运算
not	逻辑非运算
in、not in、is、is not、<、<=、>、>=、!=、==	关系运算
+、-	算术运算符：加、减
*、/、//、%	算术运算符：乘、除、整除、取模（求余数）
+ (x)、- (x)	单操作数运算符：正、负
**	算术运算符：乘方

在日常工作中，强烈建议使用圆括号来对运算符与操作数进行分组，以更加明确地指定优先级，这样也能使程序更加可读。例如，2 + (3 * 4) 要比 2 + 3 * 4 更加容易理解，因为后者要求程序阅读者首先了解运算符的优先级。当然使用圆括号同样也要适度，例如，不要像(2 + (3 * 4))这般冗余。

使用圆括号还有一个额外的优点——它能帮助我们改变运算的顺序。例如，如果希望在表达式 2 + 3 * 4 中先完成加法运算，那么可以将表达式写作(2 + 3) * 4。

< 31 >

2.4.6　案例：在表达式中使用变量

我们知道，表达式（**expressions**）简单来说就是一个算式，它将常量、运算符、括号、变量等以能求得结果的有意义内容组合一起。学习了变量和运算符的相关知识之后，我们可以尝试输入以下程序来更好地理解使用变量为程序中的对象进行命名的好处。

```
# 例 2_1利用表达式求解算式的结果
length = 6
breadth = 4
S = length * breadth
C = 2 * (length + breadth)
print('Area is', S)
print('Perimeter is', C)
```

输出结果如下：

```
Area is 24
Perimeter is 20
```

在上述程序中，我们创建了变量 length 与 breadth，并通过赋值语句分别将它们与矩形的长度和宽度进行关联。接着创建变量 S 和 C，并通过赋值语句将计算矩形面积的算式 length * breadth 和计算矩形周长的算式 2 * (length + breadth)的计算结果与变量 S 和 C 关联，最后分别进行输出。

可以看出，当我们在程序中使用变量的命名机制之后，程序将具有很高的可读性。

2.4.7　复合赋值语句

在 Python 语言中，可以将部分运算符和赋值号进行组合，表示复合赋值运算，例如+=、−=、*=、/=、//=、%=、**=等。使用复合赋值运算符可以使程序更加精练，同时还可以提高程序的运行效率。例如：

```
>>> i = 1
>>> i += 1                # 语句的运行结果与 i = i + 1 相同
>>> i
2
>>> i **= 3               # 语句的运行结果与 i = i ** 3 相同
>>> i
8
```

复合赋值语句可以提高程序的运行效率。以 a = a + b 和 a += b 来说，对于语句 a = a + b，Python 会先计算赋值号右边表达式 a + b 的结果，然后在内存中申请一个临时空间保存该计算结果，最后将赋值号左边的变量 a 与其进行关联；而复合赋值语句 a += b 会直接将变量 b 代表的数据对象加到变量 a 代表的数据对象上，省略了在内存中申请临时空间存放计算结果的步骤。

2.4.8　内置函数 eval()

如果将一个表达式放在了一串字符中，例如"100/2*3"，如何才能让 Python 求出这个字符串中的表达式的值呢？这里推荐一个非常有用的内置函数——eval()函数，它的功能就是计算一串字符串中的合法 Python 表达式的值。eval()函数的一种常见语法格式为：

eval(expression)

其中，参数 expression 表示一个包含合法 Python 表达式的字符串。继续输入以下语句，运行程序后，

< 32 >

将会在屏幕上得到字符串中算式 100/2*3 的计算结果 150.0。

```
>>> eval("100/2*3")
150.0
```

与算术运算有关
的内置函数

2.5 与算术运算有关的内置函数

2.5.1 内置函数 abs()

abs()函数的功能是返回一个数字对象的绝对值，其语法格式为：

abs(x)

其中，参数 x 可以是一个整数对象或者一个浮点数对象。如果参数 x 是一个复数对象，则函数将会返回该复数对象的模（该复数的实部与虚部的平方和的正平方根）。例如：

```
>>> abs(-25)          # 负数的绝对值是其相反数
25
>>> abs(35.2)         # 正数的绝对值就是它本身
35.2
>>> abs(3+4j)         # 复数的绝对值是它的模，即该复数的实部与虚部的平方和的正平方根
5.0
```

2.5.2 内置函数 divmod()

divmod()函数将两个（非复数）数字对象作为参数，并在运行整除时返回一对商和余数，其语法格式为：

divmod(a, b)

例如：

```
>>> divmod(13, 5)     # 13 除以 5 的商是 2，余数是 3
(2, 3)
>>> divmod(23.5, 1.5) # 23.5 除以 1.5 的商是 15.0，余数是 1.0
(15.0, 1.0)
```

2.5.3 内置函数 pow()

pow()函数用于表示乘方运算，与 ** 运算符的功能相似，其语法格式为：

pow(base, exp[, mod])

其中，参数 base 代表底数，参数 exp 代表指数。在没有指定参数 mod 的情况下，函数返回 base 的 exp 次幂，即与 base**exp 等价。如果指定参数 mod 的值，则返回 base 的 exp 次幂对参数 mod 取余的结果。例如：

```
>>> pow(12, 3) % 5
3
>>> pow(12, 3, mod=5)   # 本语句的运行结果与上一条语句相同，但是效率更高
3
```

< 33 >

2.5.4　内置函数 round()

round()函数用来进行 Python 中的四舍五入运算，其语法格式为：

round(number[, ndigits])

该函数返回参数 number 舍入到小数点后 ndigits 位精度的值。如果参数 ndigits 被省略或为 None，则返回最接近参数 number 的整数对象。例如：

```
>>> round(3.1415926, 4)          # 保留小数点后 4 位小数
3.1416
>>> round(3.1415926)             # 没有给定参数 ndigits 的时候，四舍五入到最接近的整数
3
```

与在数学中学过的四舍五入不同，Python 采用了统计学的四舍五入原则，即当小数部分为.5 时，会四舍五入到与之最接近的偶数，这种舍入方法也被记作"四舍六入五成双"。例如：

```
>>> round(3.5)                   # 与 3.5 最接近的偶数是 4
4
>>> round(2.5)                   # 与 2.5 最近接的偶数是 2
2
```

2.6　输入与输出

程序通常需要实现与用户交互的功能。例如，获取用户从键盘上输入的文字，以及将程序运算的结果显示在屏幕上。上述需求可以分别通过 input()函数与 print()函数来实现。

输入与输出

2.6.1　内置函数 input()

在程序的运行过程中向程序输入数据的过程称为输入操作，在 Python 中可以使用 input()函数来实现该功能。input()函数的语法格式为：

input([prompt])

其中，可选参数 prompt 用于指定接收用户输入时在屏幕上显示的提示性字符串。例如，编写一个程序让计算机存储用户的名字，就会用 input()函数提示用户输入自己的名字，并把用户的输入存放在变量中，程序如下。

```
>>> name = input("请输入您的名字: ")
请输入您的名字: 薛景老师
>>> name
'薛景老师'
```

上述程序的作用是提示用户从键盘上输入自己的名字。input()函数的参数用于指定显示给用户的提示信息，它是一个字符串对象，所以请用一个引号把它包含起来。在运行 input()函数时，提示信息将会输出在屏幕上，然后程序将会暂停，等待用户的输入，直到用户输入了自己的名字并按下 Enter 键，程序才会继续运行。此时，input()函数会将用户输入内容存储到计算机中，并将其通过赋值号与变量 name 进行关联。

需要提醒的是，使用 input()函数获得的数据一律都是以字符串类型存放的。哪怕用户输入的是一个数字，这个数字也是以字符串对象的形式存放在计算机中。例如，输入以下程序：

< 34 >

```
# 例 2_2 从键盘上接收用户输入，进行简单运算后返回运算结果
num = input("请输入一个数字：")
x = float(num) + 100
print(x)
```

这个程序的功能是获取用户从键盘上输入的数字，然后加上 100。当程序运行到 input() 函数时，暂停下来，并提示用户输入一个数字，输入完后，程序继续运行，且在下一行中使用 float() 函数将用户输入的一个数字从字符串类型转换成浮点数类型，然后与 100 相加。读者可以试着把程序中的 float() 函数去掉，并运行程序，观察 Python 运行环境中的报错信息。

2.6.2　与 input() 函数搭配使用 print() 函数

与输入的功能相似，将程序中的数据对象输出到屏幕或者文件中的工作称为输出，在 Python 中可以使用 print() 函数来完成输出的功能。如果想将 2.6.1 小节中获取的关于姓名的信息输出在屏幕上，此时可以使用如下语句。

```
>>> print("你好, " + name)
你好, 薛景老师
```

这段程序的作用是将字符串"你好,"和变量 name 代表的内容连接在一起，然后通过 print() 函数将连接后的字符串对象输出到屏幕上。

我们还可以参考 1.5 节的内容，在使用 print() 函数时指定输出对象间的分隔符、结束标志符和输出文件。如果省略这些参数，则分隔符是空格，结束标志符是换行符，输出目标是显示器屏幕。

2.6.3　格式化字符串对象

在输出各类数据对象的时候，经常需要将一系列数据对象按照指定的格式组合到一个字符串对象中，此时可以使用 Python 提供的格式化字符串功能。在一个字符串常量的前方添加字符 f 或者 F，以指定当前的字符串对象为格式化字符串对象。例如，使用格式化字符串的表示方法将 2.6.1 小节中变量 name 代表的姓名信息输出在屏幕上，可以使用如下语句。

```
>>> print(f"你好, {name}")
你好, 薛景老师
```

在上述格式化字符串对象中，变量 name 中的数据对象被带入到 {name} 所在的位置，从而构成新的字符串对象被输出到屏幕上。由此可知，Python 解释器在遇到格式化字符串对象时，会将其中所有大括号 {} 内的表达式进行求值，并与大括号 {} 外的字符进行连接，构成最终的字符串对象。

若要在最终的字符串对象中包含大括号中的表达式，我们可以在大括号 {} 中表达式的右边加上一个"="。例如：

```
>>> print(f"{name = }")        # 表达式右边的"="表示将表达式和之后的"="一并组成字符串对象
name = '薛景老师'
```

在格式化字符串对象中，还可以使用某些**特定格式**（specification）对大括号内的数据对象进行处理。若要指定特定格式，需要在格式化字符串的大括号中使用英文冒号将表达式和格式标记分割开来。例如：

```
>>> f"你好, {name:<20}"        # 指定大括号中的数据对象占用 20 个字符宽度，且左对齐
'你好, 薛景老师              '
>>> f"你好, {name:^20}"        # 指定大括号中的数据对象占用 20 个字符宽度，且居中对齐
'你好,        薛景老师        '
```

< 35 >

```
>>> f"你好, {name:>20}"    # 指定大括号中的数据对象占用 20 个字符宽度，且右对齐
'你好,               薛景老师'
>>> f"你好, {name:*^20}"   # 指定大括号中的数据对象占用 20 个字符宽度，居中对齐，且用*补足空白
'你好, ********薛景老师********'
>>> x = 42
>>> f"int: {x:#d}; hex: {x:#x}; oct: {x:#o}; bin: {x:#b}"   # 指定整数对象的进制格式
'int: 42; hex: 0x2a; oct: 0o52; bin: 0b101010'
>>> f"{1234567890:,}"    # 使用千位分隔符表示数字对象
'1,234,567,890'
```

同样，如果在格式字段中表达式的最后追加一个 "="，则会将表达式输出到结果字符串中。例如：

```
>>> 答对题数, 总题数 = 19, 22
>>> f"{答对题数/总题数 = :.2%}"        # 使用百分比形式表示数字对象，且小数点后保留 2 位小数
'答对题数/总题数 = 86.36%'
>>> f"{答对题数/总题数 = :.2e}"        # 使用科学记数法形式表示数字对象
'答对题数/总题数 = 8.64e-01'
```

特别地，在格式化字符串对象中若要表示大括号，需要使用{{和}}来标记。例如：

```
>>> f"{{ name }}"
'{ name }'
```

上述语句中，Python 将格式化字符串对象中的{{转换成一个左大括号，将}}转换成一个右大括号，而且也没有使用变量 name 中的数据对象用于组成最终的字符串对象。

如果只需要把单个表达式转变成特定格式的字符串对象，我们也可以使用内置函数 format()。该函数的语法格式为：

format(value[, format_spec])

其中，参数 value 是一个合法的 Python 表达式，可选参数 format_spec 用于指定按照什么样的格式将参数 value 的值转换成对应的字符串对象。如果不指定参数 format_spec 的内容，则函数返回的结果与使用 str(value)的结果相同。例如：

```
>>> format(3.1415926,".2f")       # 使用定点记数法将 3.1415926 四舍五入到小数点后第 2 位
'3.14'
```

2.7 综合案例：求圆的面积和周长

综合案例：求圆的
面积和周长

经过之前的学习可知，使用内置函数 input()和 print()可以轻松地实现程序的输入和输出。同时，使用 Python 提供的各类运算符构成表达式，可以完成本例所需的各种运算。参考程序如下：

```
# 例 2_3 求圆的面积和周长

# 提示用户输入圆的半径，并使用变量 r 表示该数据
r = input("请输入圆的半径: ")
r = float(r)                          # 需要将输入的数据对象从字符串类型转换成浮点数类型

# 计算圆的面积和周长，并使用变量 S 和 C 表示计算结果
pi = 3.14
S = pi * r * r
C = 2 * pi * r
```

< 36 >

```
# 将计算结果输出到屏幕上
print(f"半径为{r}的圆的面积是{S:.2f}，周长是{C:.2f}。")
```

运行上述程序，Python 会在解释器中提示用户输入圆的半径，并将其存入内存。程序中使用赋值语句将变量 r 与内存中的半径数据对象进行关联，要特别注意的是，input()函数返回的结果都是字符串类型的，所以需要将变量 r 代表的半径从字符串类型对象转换成浮点数类型对象。之后，按照数学中关于圆的面积和周长的求解公式构造相应的算术运算表达式完成计算，并使用变量 S 和 C 关联计算结果。最后，只需将表示计算结果的变量 S 和 C 按照所需格式嵌入到格式化字符串对象中并完成输出，即可完成本例的所有功能。程序的运行效果如下所示。

```
请输入圆的半径：5
半径为 5.0 的圆的面积是 78.50，周长是 31.40。
```

2.8 本章小结

通过本章的学习，我们掌握了在 Python 中进行运算的重要元素，包括基本数据对象的类型、变量和常量的概念以及使用运算符、操作数与表达式的相关知识。

本章小结

计算机解决的问题都来自于现实世界。为了将现实问题中形形色色的数据对象保存在计算机中，我们必须将这些数据对象分类，并使用不同的方式进行存储和加工。在 Python 语言中，最常见的数据对象包括整数、浮点数、逻辑值和字符串，它们有各不相同的操作方法。

在操作数据对象的过程中，会有常量和变量之分，常量就是其内容保持恒久不变的数据对象，变量则是对内存中的数据对象进行命名的机制；通过赋值语句可以将变量名与内存中的数据对象进行关联；变量名需要满足标识符的命名规则，并且变量名应该尽量体现所关联数据对象的含义。

为了对程序中的数据对象进行运算，我们可以使用运算符将这些数据对象连接起来构成各种各样的表达式。表达式就是一个算式，它将常量、运算符、括号、变量等以能求得结果的有意义内容组合一起。通过表达式完成运算，便可以求解现实中的各类数学问题。

为了更好地与使用程序的用户交流，程序必须具备输入和输出的能力。所谓输入，就是让用户通过输入设备（如键盘和鼠标）在程序运行中给定一些用于运算的数据，这些输入的数据在程序中通过input()函数接收。所谓输出，就是将计算机运算后得到的结果显示在输出设备（如显示器）上，一般通过 print()函数完成此功能。为了将输入的内容更好地展示给用户，我们还可以将输出结果进行格式化字符串的操作，让输出的内容更符合人们的阅读习惯。

2.9 课后习题

一、单选题

1. 下列代码运行时不会产生错误的是（　　　）。
   A. print('Hello, I'm fine')　　　　　　B. print("Hello, I'm fine")
   C. print('Hello, I'm fine')　　　　　　D. print("Hello, I'm fine')
2. Python 语言中表示换行的转义字符是（　　　）。
   A. \n　　　　　　B. \t　　　　　　C. \a　　　　　　D. \r

< 37 >

3. Python 语言中的标识符可以由英文字母、其他语言字符、数字和下画线组成，且第一个字符（　　）。

    A. 不能是英文字母　B. 不能是数字　　　C. 不能是下画线　　D. 可以是任意字符

4. 以下合法的 Python 标识符是（　　）。

    A. a*b　　　　　　B. break　　　　　C. 1a2b　　　　　D. _kill23

5. 下列程序的运行结果是（　　）。

```
x = '1.0'
print(type(x))
```

    A. <class 'int'>　　B. <class 'float'>　C. <class 'str'>　D. <class 'object'>

6. 以下选项中的语句，（　　）的运行结果不是浮点数类型。

    A. 15//4　　　　　B. 3e2　　　　　　C. 12/3　　　　　D. 3+1.0

7. 下列语句的运行结果是（　　）。

```
>>> 7.0 % 5
```

    A. 2.0　　　　　　B. 2　　　　　　　C. 1　　　　　　　D. 1.0

8. 若程序只有以下两行语句，则该程序的运行结果为（　　）。

```
x = a + 10
print(x)
```

    A. 1　　　　　　　B. 2　　　　　　　C. 输出随机值　　D. 程序出错

9. 下列表达式的值为 True 的是（　　）。

    A. 3>2>1　　　　 B. 5+4j>2-3j　　C. (3,2)<('a','b')　D. 'abc' > 'xyz'

10. 下列语句的运行结果是（　　）。

```
>>> 12 and 45
```

    A. 12　　　　　　　B. 45　　　　　　　C. Ture　　　　　D. False

11. 下列语句没有错误的是（　　）。

    A. 'hello' + 2　　B. 'hello' * '2'　C. 'hello' * 2　　D. 'hello' – '2'

12. 下列语句的运行结果是（　　）。

```
>>> 'hello' - 'world'
```

    A. Helloworld　　B. hello world　　C. 52473　　　　D. 程序出错

13. 下列语句的运行结果是（　　）。

```
>>> False + 5.0
```

    A. 5　　　　　　　B. 5.0　　　　　　C. 6　　　　　　　D. 6.0

14. 接收用户输入的一个整数，如果输入的是偶数，则输出"True"，否则输出"False"。下列能实现该功能的程序是（　　）。

    A. print(not bool(int(input()) % 2))　　　B. print(int(input()) % 2!= 0)

    C. print(int(input()) % 2 == 1)　　　　　D. print(not bool(input() % 2))

15. 下列语句中，（　　）是不正确的 Python 语句。

    A. "I can add integers, like " + str(5) + " to strings."

    B. "I said " + ("Hey " * 2) + "Hey!"

    C. "The correct answer to this multiple choice exercise is answer number " + 2

    D. True + False

< 38 >

16. 下列语句的运行结果是（　　　）。

```
>>> round(4.5)
```

    A. 4　　　　　　　　B. 5　　　　　　　　C. 4.5　　　　　　　　D. 程序出错了

17. 运行下列程序，输入数值 10，输出的结果是（　　　）。

```
x = input()
y = x+ 5
print(y)
```

    A. 15　　　　　　　B. '105'　　　　　　C. 程序出错　　　　　D. 105

18. 下列语句的运行结果是（　　　）。

```
>>> f"{234.56789:.4e}"
```

    A. '2.3456e+02'　　　B. '234.5679'　　　C. '2.3457e+02'　　　D. '2.345e+02'

19. 使用格式化字符串输出浮点数 x，以下选项中，（　　　）表示保留小数点后 2 位的输出格式。

    A. {:.2f}　　　　　　B. {.2}　　　　　　C. {:2f}　　　　　　D. {.2f}

20. 在 Python 3 中，使用 input()函数可以获取用户从键盘上输入的数据，不管用户输入的内容是什么，该数据的默认数据类型为（　　　）。

    A. 字符串　　　　　B. 整数　　　　　　C. 浮点数　　　　　D. True 或者 False

二、填空题

1. 下列语句的运行结果是＿＿＿＿＿＿＿＿。

```
>>> int(10.88)
```

2. 表达式 1//3 的运行结果是＿＿＿＿＿＿＿＿。

3. 下列语句的运行结果是'＿＿＿＿＿＿＿＿'。

```
>>> "12" + "34"
```

4. 下列语句的运行结果是'＿＿＿＿＿＿＿＿'。

```
>>> 'abc' * 3
```

5. 下列表达式的运行结果是＿＿＿＿＿＿＿＿。

```
>>> 30-3**2+8//3*2/10
```

6. Python 程序中的运算符 "=" 被称作＿＿＿＿＿＿＿＿。

7. 设 x=3，则表达式 x*=3+5**2 运行后，x 的值是＿＿＿＿＿＿＿＿。

8. 下列语句的运行结果是'＿＿＿＿＿＿＿＿'。

```
>>> x='hello'
>>> f'{x:*^11}'
```

9. 表达式 'odd' if len('hello')%2 else 'even'的运行结果是：'＿＿＿＿＿＿＿＿'。

10. Python 语言中，使用运算符＿＿＿＿＿＿＿＿判断两个操作数是不是同一个对象。

三、编程题

1. 假设你有 100 元，现有一个投资渠道可以每年获得 10%的利息，如此，一年以后将拥有 100×1.1=110 元，两年以后将拥有 100×1.1×1.1=121 元。请编写程序，计算按照上述条件 7 年以后，你将拥有多少钱？（结果保留 2 位小数）

输出样例：

```
After 7 years, you will have 194.87
```

< 39 >

2. 编写程序，完成以下要求效果：提示用户从键盘上输入一个 9 位的整数，将其分解为 3 个 3 位的整数并输出，其中个位、十位、百位为一个数，千位、万位、十万位为一个数，百万位、千万位、亿位为一个数。

输入样例：

```
123456789
```

输出样例：

```
123
456
789
```

3. 编写程序，完成以下要求效果：从键盘上输入一个有效的年份，在屏幕上输出这个年份是否为闰年，要求使用条件运算符完成程序中的功能。

输入样例 1：

```
2022
```

输出样例 1：

```
2022 年是平年
```

输入样例 2：

```
2020
```

输出样例 2：

```
2020 年是闰年
```

4. 编写程序，完成以下要求效果：从键盘上输入两个数 x、y，求 x+y 之和并将其赋值给 s，最后输出 s 的值。

输入样例：

```
3
4.5
```

输出样例：

```
7.5
```

5. 编写程序，完成以下要求效果：从键盘上输入一个代表分钟的整数，输出这个分钟数代表了多少年零多少天零多少小时零多少分钟。为了简化问题，假设一年有 365 天。

输入样例：

```
1000000
```

输出样例：

```
1000000 分钟=1 年零 329 天零 10 小时零 40 分钟
```

6. 编写程序，完成以下要求效果：从键盘上输入一个 4 位的正整数（假设个位不为 0），在屏幕上输出该数的反序数。反序数即原数各位上的数字颠倒次序所形成的另一个整数。

输入样例：

```
2468
```

输出样例：

```
8642
```

< 40 >

第3章 神奇的"小海龟"（Turtle）

学习目标

- 了解 Python 内置模块 Turtle 的基本功能。
- 掌握 Turtle 模块中控制"海龟"动作的具体方法。
- 掌握 Turtle 模块中获取或设置画笔状态的方法。
- 掌握 Turtle 模块中与绘图窗口有关方法的使用。

在使用 Python 语言进行程序设计的过程中，会用到大量已经设计好的工具，如本章将要介绍的 Turtle 模块，它提供了一系列关于绘图的功能。在学习使用 Turtle 模块的过程中，我们还将了解 Python 程序运行的基本过程。

3.1 第一个"海龟"程序

第一个"海龟"程序

打开任意一款 Python 程序的开发工具，并在其中新建一个 Python 程序文件，在文件中输入例 3_1 所示的程序代码。

```
# 例 3_1 引入 Turtle 模块，在屏幕上绘制一条线段
import turtle
turtle.forward(200)
turtle.done()
```

运行这个程序，会看到 Python 在屏幕上打开了一个新的绘图窗口，并在窗口中创建了一个三角形的"海龟"，之后"海龟"沿着当前的方向向前移动了一段距离后停了下来，如图 3-1 所示，绘画结束。

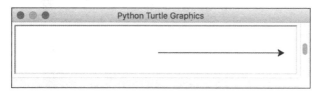

图 3-1　第一个简单的"海龟"程序

在这个程序中，我们看到了构成一个绘图程序的 3 个基本步骤：首先，为了使用 Turtle 模块提供的功能，需要使用 import 语句将该模块导入至目前的程序中；其次，在导入相应的模块后，使用该模块提供的各类预置程序进行绘图操作，如例 3_1 中的程序使用"海龟"绘制了一条线段；最后，还要记得使用以下语句以结束当前的绘制工作。

```
turtle.done()
```

3.2 "海龟"的动作

"海龟"的动作

3.2.1 移动和绘制

通过前面的例子我们可以发现，这只神奇的"小海龟"会在自己经过的地方留下黑色的痕迹，也就是通过控制"海龟"的移动便可以在屏幕上绘制各种图形。接下来逐一介绍 Turtle 模块中控制"海龟"的方法。

（1）forward() | fd()控制前进，其语法格式为：

turtle.forward(distance)

可缩写为：

turtle.fd(distance)

其中，参数 distance 为一个数字对象。该方法可以让"海龟"向前移动 distance 指定的距离，方向为"海龟"当前的朝向。例如：

```
>>> turtle.forward(25)          # "海龟"沿着当前的方向向前移动 25 个单位
>>> turtle.forward(-75)         # "海龟"沿着当前的方向向后移动 75 个单位
```

（2）backward() | bk() | back()控制后退，其语法格式为：

turtle.backward(distance)

可缩写为：

turtle.bk(distance)或 **turtle.back(distance)**

其中，参数 distance 为一个数字对象。该方法可以让"海龟"后退 distance 指定的距离，方向与"海龟"的朝向相反，同时也不会改变"海龟"的朝向。例如：

```
>>> turtle.backward(30)         # "海龟"沿着当前的方向向后移动 30 个单位，朝向不变
```

（3）right() | rt()控制右转，其语法格式为：

turtle.right(angle)

可缩写为：

turtle.rt(angle)

其中，参数 angle 为一个数字对象。该方法可以让"海龟"右转 angle 个单位。参数 angle 的单位默认为度（°），但可通过 degrees()方法和 radians()方法改变设置（见 3.2.3 小节）。例如：

```
>>> turtle.right(45)            # "海龟"沿着当前的方向右转 45 度，默认的单位为度
```

（4）left() | lt()控制左转，其语法格式为：

turtle.left(angle)

可缩写为：

turtle.lt(angle)

其中，参数 angle 为一个数字对象。该方法可以让"海龟"左转 angle 个单位。参数 angle 的单位默认为度（°），我们可通过 degrees()方法和 radians()方法改变度量单位的设置。例如：

```
>>> turtle.left(45)             # "海龟"沿着当前的方向左转 45 度，默认的单位为度
```

使用上述介绍的方法，可以让"海龟"在屏幕上绘制一个正四边形，也就是正方形，程序如例 3_2 所示。

```
# 例 3_2 通过不断地绘制线段和左转 90 度来绘制一个正方形
import turtle
turtle.forward(200)
```

< 42 >

```
turtle.left(90)
turtle.forward(200)
turtle.left(90)
turtle.forward(200)
turtle.left(90)
turtle.forward(200)
turtle.left(90)
turtle.done()
```

在这段程序中，语句 turtle.left(90)的作用是让"小海龟"沿着当前的方向左转 90 度，通过将向前和左转重复执行 4 次，便可以在屏幕上绘制一个正四边形，如图 3-2 所示。

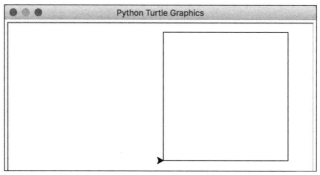

图 3-2　使用"海龟"绘制正方形

（5）goto() | setposition() | setpos()控制前往指定的坐标位置，其语法格式为：

turtle.goto(x, y=None)

或者

turtle.setposition(x, y=None)

可缩写为：

turtle.setpos(x, y=None)

其中，参数 x 为一个数值或表示坐标的对象，参数 y 为一个数值或 None，如果 y 为 None，x 应为一个表示坐标的对象。该方法可以让"海龟"移动到一个使用坐标表示的位置，移动过程中不会改变"海龟"的朝向。需要强调的是，在默认情况下，坐标(0,0)表示绘制区域的中心，也就是"海龟"初始出现的位置。例如：

```
>>> turtle.setpos(60,30)            # 将"海龟"移动到坐标为(60,30)的位置
```

（6）setx()设置"海龟"对象的 x 坐标，其语法格式为：

turtle.setx(x)

其中，参数 x 为一个数字对象。该方法用于设置"海龟"的横坐标为参数 x，纵坐标保持不变。例如：

```
>>> turtle.setx(10)                 # 将"海龟"位置的横坐标设置为10，纵坐标保持不变
```

（7）sety()设置"海龟"对象的 y 坐标，其语法格式为：

turtle.sety(y)

其中，参数 y 为一个数字对象。该方法用于设置"海龟"的纵坐标为参数 y，横坐标保持不变。例如：

```
>>> turtle.sety(-10)                # 将"海龟"位置的纵坐标设置为-10，横坐标保持不变
```

（8）setheading() | seth()设置"海龟"朝向，其语法格式为：

turtle.setheading(to_angle)

可缩写为：

< 43 >

turtle.seth(to_angle)

其中，参数 to_angle 为一个数字对象。该方法用于设置"海龟"的朝向为参数 to_angle。默认情况下，以角度表示方向，分别是：0 度表示正右方，90 度表示正上方，180 度表示正左方，270 度表示正下方。

```
>>> turtle.setheading(90)                    # 默认情况下，将"海龟"的朝向改为正上方
```

使用上述介绍的方法，可以让"海龟"在屏幕上指定的位置绘制一个倾斜的正方形，程序如例 3_3 所示。

```
# 例 3_3 在绘图区域中央绘制一个倾斜的正方形
import turtle
turtle.setpos(0,200/(2**0.5))                # 此处需要计算正方形上顶点的坐标位置
turtle.seth(180+45)                          # 在绘制正方形之前，改变"海龟"的朝向
turtle.forward(200)
turtle.left(90)
turtle.forward(200)
turtle.left(90)
turtle.forward(200)
turtle.left(90)
turtle.forward(200)
turtle.left(90)
turtle.done()
```

在这段程序中，表达式 200/(2**0.5)的作用是计算正方形顶点至绘图区域中心点的距离，再通过 turtle.setpos()方法将"海龟"移动到正方形的顶点处。之后，语句 turtle.seth(180+45)的作用是让"海龟"朝向左下方，然后便可以在屏幕上绘制一个定制位置和倾斜角度的正方形，如图 3-3 所示。

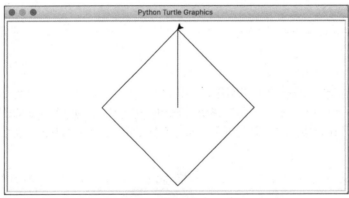

图 3-3 使用"海龟"绘制一个处在屏幕中央并倾斜一定角度的正方形

（9）home()控制"海龟"返回原点，其语法格式为：

turtle.home()

该方法可以将"海龟"移至初始坐标(0,0)，并设置"海龟"朝向为初始方向，默认为朝向正右方。例如：

```
>>> turtle.home()                            # 将"海龟"恢复到初始状态
```

（10）circle()画圆，其语法格式为：

turtle.circle(radius, extent=None, steps=None)

其中，参数 radius 为一个数字对象，参数 extent 为一个数字对象或 None，参数 steps 为一个整数对象或 None。该方法用于绘制一个以参数 radius 为指定半径的圆。圆心在"海龟"左边 radius 个单位；参数 extent 为一个夹角，用来决定绘制圆的一部分。如未指定参数 extent 则绘制整个圆；如果参数 extent

< 44 >

不是完整圆周，则以当前画笔位置为一个端点绘制圆弧，此时，如果参数 radius 为正值则朝逆时针方向绘制圆弧，否则朝顺时针方向绘制。最终"海龟"的朝向会依据参数 extent 的值而改变。

在 Python 的绘图区域中，圆实际是以其内切正多边形来近似表示的，其边的数量由参数 steps 指定，如果未指定边数则会自动确定。所以 turtle.circle() 也可用来绘制正多边形。关于 turtle.circle() 的使用，举例如下：

```
>>> turtle.circle(50)        # 绘制一个以 50 单位为半径的圆，圆心在"海龟"朝向的左边
>>> turtle.circle(-50)       # 绘制一个以 50 单位为半径的圆，圆心在"海龟"朝向的右边
>>> turtle.circle(120, 180)  # 绘制一段以 120 单位为半径的弧，该弧对应的角度为 180 度
```

（11）dot() 画点，其语法格式为：

turtle.dot(size=None, *color)

其中，参数 size 为一个整数对象，且其取值≥1，参数 color 为一个颜色字符串或表示颜色数值对。该方法可以在绘图区域中绘制一个直径为参数 size、颜色为参数 color 的圆点。如果参数 size 未指定，则直径取（笔触尺寸+4）和（2*笔触尺寸）中的较大值。例如：

```
>>> turtle.dot(20, "blue")   # 绘制一个直径为 20 个单位、颜色为蓝色的点
```

使用上述介绍的方法，可以让"海龟"在屏幕上绘制由圆点构成的简单图形，程序如例 3_4 所示。

```
# 例 3_4 在绘图区域中央绘制一朵由点和弧构成的小花
import turtle
turtle.setpos(50,0)      # 将"海龟"移动到中央区域的边缘处，为绘制花瓣做好准备
turtle.seth(0)           # 设置好"海龟"的朝向，绘制第一片花瓣
turtle.circle(50,270)
turtle.seth(90)          # 设置好"海龟"的朝向，绘制第二片花瓣
turtle.circle(50,270)
turtle.seth(180)         # 设置好"海龟"的朝向，绘制第三片花瓣
turtle.circle(50,270)
turtle.seth(270)         # 设置好"海龟"的朝向，绘制第四片花瓣
turtle.circle(50,270)
turtle.home()            # 将"海龟"移动到初始位置，为下一步绘制花蕊做好准备
turtle.dot(100,'red')    # 在屏幕中心绘制一个红色的点作为花蕊
turtle.done()
```

在这段程序中，我们需要先绘制 4 片花瓣，再绘制中心区域的花蕊，这样做的好处是后绘制的图形将叠加在之前绘制的图形之上，从而掩盖我们最初从初始位置移动后留下的痕迹。最终的图形绘制效果如图 3-4 所示。

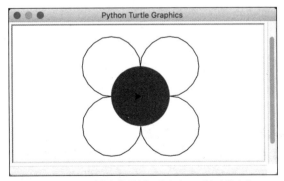

图 3-4　使用"海龟"绘制一个由点和弧构成的小花

< 45 >

（12）stamp()在绘图区域留下印章，其语法格式为：

turtle.stamp()

该方法在“海龟”当前位置印制一个“海龟”形状，同时还将返回该印章对应的 id。例如：

```
>>> turtle.stamp()                    # 下一行显示的整数就是当前语句生成印章的 id
11
```

（13）clearstamp()清除绘图区域的印章，其语法格式为：

turtle.clearstamp(stampid)

其中，参数 stampid 为一个整数对象，它必须是之前使用 stamp()生成印章的有效 id。该方法将删除 stampid 指定的印章。例如：

```
>>> turtle.clearstamp(11)             # 删除绘图区域中 id 为 11 的印章图形
```

（14）clearstamps()清除多个印章，其语法格式为：

turtle.clearstamps(n=None)

其中，参数 n 为一个整数对象或 None。该方法将删除全部或前/后 n 个“海龟”印章。如果 n 为 None 则删除全部印章，如果 n>0 则删除所有印章中的前 n 个，否则如果 n<0 则删除所有印章中的后 $|n|$ 个。例如：

```
>>> turtle.stamp(); turtle.fd(30)     # 通过重复运行该语句，可以在绘图区域中留下多个印章
>>> turtle.stamp(); turtle.fd(30)
……
>>> turtle.stamp(); turtle.fd(30)
>>> turtle.stamp(); turtle.fd(30)
>>> turtle.clearstamps(2)             # 删除之前语句创建的所有印章中的前 2 个
>>> turtle.clearstamps(-2)            # 删除之前语句创建的所有印章中的后 2 个
>>> turtle.clearstamps()              # 删除之前语句创建的所有印章
```

（15）undo()撤销“海龟”的动作，其语法格式为：

turtle.undo()

该方法将撤销最近的一个或多个“海龟”动作，可撤销的次数由撤销缓冲区的大小决定。例如：

```
>>> turtle.fd(100)                    # 在绘图区域中绘制一条 100 个单位的线段
>>> turtle.undo()                     # 撤销刚才的绘制，抹去前一条语句绘制的线段
```

（16）speed()设置“海龟”的移动速度，其语法格式为：

turtle.speed(speed=None)

其中，参数 speed 为一个 0～10 范围内的整数对象或速度字符串。该方法用于将“海龟”移动的速度设置为 0～10 表示的整数值，如未指定参数则返回当前速度，如果输入数值大于 10 或小于 0.5 则速度设置为 0。速度字符串与速度值的对应关系如下。

fastest：0，最快。

fast：10，快。

normal：6，正常。

slow：3，慢。

slowest：1，最慢。

速度值从 1 到 10，画线和“海龟”转向的动画效果逐级加快。特别注意，当参数 speed＝0 时表示的并不是以最慢速度进行绘制，反而是跳过动画效果，以最快的方式展示绘制效果。例如：

```
>>> turtle.speed()                    # 返回“海龟”当前的绘制速度
3
```

< 46 >

```
>>> turtle.speed('normal')          # 设置"海龟"的绘制速度为正常速度
>>> turtle.speed()                  # 正常速度对应的整数值为6
6
>>> turtle.speed(9)                 # 设置"海龟"的绘制速度为非常快，仅次于最快速度10
>>> turtle.speed()
9
```

3.2.2　"海龟"的状态

通过前一节的学习，读者应该已经掌握了通过控制"海龟"移动以在绘图区域作图的具体方法，接下来将逐一介绍关于设置或者获取"海龟"状态的一系列方法。

（1）position() | pos()获取"海龟"的位置，其语法格式为：

turtle.position()

可缩写为：

turtle.pos()

该方法将返回"海龟"当前的坐标对象(x, y)。例如：

```
>>> turtle.pos()                    # 由下方的返回结果可知，"海龟"当前的坐标为(440,0)
(440.00,0.00)
```

（2）towards()获取"海龟"朝向指定坐标的角度，其语法格式为：

turtle.towards(x, y=None)

其中，参数 x 为一个数字对象或表示坐标的数值对，抑或一个"海龟"对象。当参数 x 是一个数字对象时，参数 y 也应为一个数字对象，否则参数 y 为 None。该方法用于返回从当前"海龟"位置到坐标(x,y)、某个其他坐标对象或另一"海龟"所在位置的连线的夹角。例如：

```
>>> turtle.goto(10, 10)             # 将"海龟"移动到绘图区域中坐标为(10,10)的位置
>>> turtle.towards(0,0)             # 返回从当前"海龟"位置(10,10)朝向坐标(0,0)的夹角，即225度
225.0
```

（3）xcor()获取"海龟"当前位置的 x 坐标，其语法格式为：

turtle.xcor()

例如：

```
>>> turtle.home()                   # 将"海龟"设置到初始状态
>>> turtle.left(50)                 # 改变"海龟"的朝向
>>> turtle.forward(100)             # "海龟"沿着当前朝向向前移动一段距离
>>> turtle.pos()                    # 返回"海龟"所在位置的坐标
(64.28,76.60)
>>> print(round(turtle.xcor(), 2))  # 返回"海龟"所在位置的x坐标
64.28
```

（4）ycor()获取"海龟"当前位置的 y 坐标，其语法格式为：

turtle.ycor()

例如：

```
>>> turtle.home()                   # 将"海龟"设置到初始状态
>>> turtle.left(60)                 # 改变"海龟"的朝向
>>> turtle.forward(100)             # "海龟"沿着当前朝向向前移动一段距离
>>> print(turtle.pos())             # 返回"海龟"所在位置的坐标
(50.00,86.60)
```

< 47 >

```
>>> print(round(turtle.ycor(), 5)) # 返回 "海龟" 所在位置的 y 坐标
86.60254
```

（5）heading()获取 "海龟" 当前的朝向，其语法格式为：

turtle.heading()

例如：

```
>>> turtle.home()                   # 将 "海龟" 设置到初始状态
>>> turtle.left(67)                 # "海龟" 沿着初始方向，向左转 67 度
>>> turtle.heading()                # 返回 "海龟" 当前的朝向，即 67 度
67.0
```

（6）distance()获取 "海龟" 与指定坐标之间的距离，其语法格式为：

turtle.distance(x, y=None)

其中，参数 x 为一个数字对象或表示坐标的数值对，抑或一个 "海龟" 对象。当参数 x 是一个数字对象时，参数 y 也应为一个数字对象，否则参数 y 为 None。该方法用于返回从当前 "海龟" 位置到坐标 (x,y)、某个其他坐标对象或另一 "海龟" 所在位置的单位距离。例如：

```
>>> turtle.home()                   # 将 "海龟" 设置到初始状态
>>> turtle.distance(30,40)          # 返回从 "海龟" 初始状态(0,0)到坐标(30,40)的距离，即 50
50.0
>>> turtle.distance((30,40))        # 作用与前一条语句相同，参数 x 改为表示坐标的数值对
50.0
```

（7）showturtle()｜st()设置在绘图区域中显示 "海龟"，其语法格式为：

turtle.showturtle()

可缩写为：

turtle.st()

该方法的作用是设置 "海龟" 在绘图区域中可见，默认情况下 "海龟" 一开始就处于可见状态。例如：

```
>>> turtle.showturtle()
```

（8）hideturtle()｜ht()设置在绘图区域中隐藏 "海龟"，其语法格式为：

turtle.hideturtle()

可缩写为：

turtle.ht()

该方法的作用是使 "海龟" 在绘图区域中不可见。当绘制复杂图形时应当隐藏 "海龟"，因为隐藏 "海龟" 可显著加快绘制速度。例如：

```
>>> turtle.hideturtle()
```

（9）isvisible()判断 "海龟" 是否在绘图区域中可见，其语法格式为：

turtle.isvisible()

该方法用于返回 "海龟" 是否可见，如果 "海龟" 正常在绘图区域中显示则返回 True，如果已经将 "海龟" 从绘图区域中隐藏则返回 False。例如：

```
>>> turtle.hideturtle()             # 在绘图区域中隐藏 "海龟"
>>> turtle.isvisible()              # 从返回的结果中可知，"海龟" 此时处于隐藏状态
False
>>> turtle.showturtle()             # 在绘图区域中显示 "海龟"
>>> turtle.isvisible()              # 从返回的结果中可知，"海龟" 此时在绘图区域中正常显示
True
```

< 48 >

（10）shape()设置 "海龟" 的形状，其语法格式为：

turtle.shape(name=None)

其中，参数 name 为一个有效的形状名字符串。该方法可以设置 "海龟" 形状为参数 name 指定的形状名，如未指定形状名则返回当前的形状名。"海龟" 的形状初始时有以下几种："blank" "arrow" "turtle" "circle" "square" "triangle" "classic"，其中字符串 "blank" 表示不使用任何形状，将会让 "海龟" 处于隐身状态。利用在绘图区域中绘制印章的方法，可以将这几种形状分别显示在绘图区域中，程序如例 3_5 所示。

```
# 例 3_5 在绘图区域中分别以不同 "海龟" 形状绘制印章
import turtle
turtle.shape()                 # 返回当前 "海龟" 的形状名称，初始状态为默认的'classic'
turtle.stamp()                 # 以默认形状在绘图区域绘制印章
turtle.fd(50)
turtle.shape('arrow')          # 以箭头形状在绘图区域绘制印章
turtle.stamp()
turtle.fd(50)
turtle.shape('turtle')         # 以 "海龟" 形状在绘图区域绘制印章
turtle.stamp()
turtle.fd(50)
turtle.shape('circle')         # 以圆形在绘图区域绘制印章
turtle.stamp()
turtle.fd(50)
turtle.shape('square')         # 以正方形在绘图区域绘制印章
turtle.stamp()
turtle.fd(50)
turtle.shape('triangle')       # 以三角形在绘图区域绘制印章
turtle.stamp()
turtle.done()
```

在这段程序中，从初始位置开始，"海龟" 分别以不同的形状在绘图区域绘制印章，每个印章之间分隔 50 个单位，最终的图形绘制效果如图 3-5 所示。

图 3-5　在绘图区域中以 "海龟" 的不同形状绘制印章

（11）getshapes()获得 "海龟" 当前可设置的形状种类，其语法格式为：

turtle.getshapes()

该方法用于返回所有当前可用 "海龟" 形状的列表。例如：

```
>>> turtle.getshapes()                 # 返回默认情况下，"海龟" 可用的形状种类
['arrow', 'blank', 'circle', 'classic', 'square', 'triangle', 'turtle']
```

3.2.3　设置度量单位

在使用 "海龟" 绘制图形的过程中，既可以使用角度作为夹角的单位，也可以使用弧度作为夹角的单位。默认情况下是以角度作为夹角的单位。如果想要使用弧度作为夹角的单位，此时需要进行设置。

（1）degrees() 使用角度作为夹角单位，其语法格式为：

turtle.degrees(fullcircle=360.0)

其中，参数 fullcircle 为一个数字对象。该方法用于设置夹角的度量单位，即设置一个圆周为多少 "度"，默认值为 360 度。例如：

```
>>> turtle.home()                      # 将 "海龟" 设置到初始状态，此时 "海龟" 朝向 0 度的方向
```

< 49 >

```
>>> turtle.left(90)              # "海龟"左转90度，默认情况下，是以角度表示的
>>> turtle.heading()             # 返回此时的"海龟"朝向，即90度
90.0
>>> turtle.degrees(400.0)        # 将夹角单位设置为一个圆周为400度，"海龟"朝向并未改变
>>> turtle.heading()             # 再次返回此时的"海龟"朝向，为100度
100.0
```

（2）radians()使用弧度作为夹角单位，其语法格式为：

turtle.radians()

该方法用于设置夹角的度量单位为弧度。例如：

```
>>> turtle.home()                # 将"海龟"设置到初始状态，此时"海龟"朝向0度的方向
>>> turtle.left(180)             # "海龟"左转180度，默认情况下，是以角度表示的
>>> turtle.heading()             # 返回此时的"海龟"朝向，即180度
180.0
>>> turtle.radians()             # 将夹角单位设置为弧度
>>> turtle.heading()             # 再次返回此时的"海龟"朝向，为角度180度对应的弧度值π
3.141592653589793
```

3.3 画笔的控制

3.3.1 改变绘图状态

画笔的控制

在之前所学的"海龟"绘图程序中可知，默认情况下，"海龟"在绘图区域中移动的时候，会留下自己的移动痕迹，从而完成绘制图形的任务。那么有没有方法可以让"海龟"在移动的过程中不留下痕迹呢？这就需要继续学习 Turtle 模块中用于改变绘图状态的一系列方法。

（1）pendown() | pd() | down()使画笔落下，其语法格式为：

turtle.pendown()

可缩写为：

turtle.pd()

或者

turtle.down()

该方法将设置画笔为落下的状态，此时移动"海龟"将会在移动轨迹上留下痕迹。

（2）penup() | pu() | up()使画笔抬起，其语法格式为：

turtle.penup()

可缩写为：

turtle.pu()

或者

turtle.up()

该方法将设置画笔为抬起的状态，此时移动"海龟"不会在移动轨迹上留下痕迹。

使用上述介绍的方法，可以在绘制图形的过程中隐藏不需要绘制的图形，程序如例 3_6 所示。

```
# 例 3_6 在绘图区域中央绘制一个倾斜的正方形，并且没有"海龟"最初的移动轨迹
import turtle
```

< 50 >

```
turtle.up()
turtle.setpos(0,200/2**0.5)
turtle.down()
turtle.seth(180+45)
turtle.forward(200)
turtle.left(90)
turtle.forward(200)
turtle.left(90)
turtle.forward(200)
turtle.left(90)
turtle.forward(200)
turtle.left(90)
turtle.done()
```

这段程序中，在语句 turtle.setpos() 之前加上了 turtle.up() 完成抬笔的操作，自此"海龟"的移动便不会留下痕迹。当"海龟"通过 trutle.setpos() 方法移动到指定位置后，再运行 turtle.down() 完成落笔的操作，自此之后，在"海龟"移动的轨迹上将会留下痕迹。该程序绘制出的图形如图 3-6 所示。

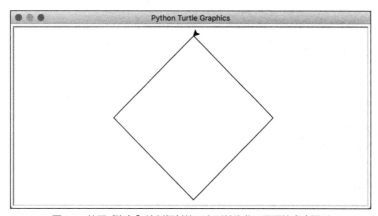

图 3-6　使用"海龟"绘制倾斜的正方形并隐藏不需要的多余图形

（3）pensize() | width() 改变画笔粗细，其语法格式为：

turtle.pensize(width=None)

或者

turtle.width(width=None)

其中，参数 width 为一个正值数字对象。该方法用于设置线条的粗细为参数 width 对应的值或返回该值。在使用该方法时，如未指定参数，则返回当前的 pensize 值。例如：

```
>>> turtle.pensize()          # 返回当前表示画笔粗细的数值
1
>>> turtle.pensize(10)        # 将画笔的粗细设置为 10 个单位
```

（4）isdown() 判断画笔是否落下，其语法格式为：

turtle.isdown()

调用该方法后，如果画笔落下则返回 True，如果画笔抬起则返回 False。例如：

```
>>> turtle.penup()            # 将画笔的状态设置为抬起
>>> turtle.isdown()
False
>>> turtle.pendown()          # 将画笔的状态设置为落下
>>> turtle.isdown()
True
```

< 51 >

3.3.2　颜色控制

为了给绘图区域中的形状加上五彩缤纷的颜色，我们需要使用 Turtle 模块中用于颜色控制的一系列方法，接下来将逐一介绍。

（1）colormode()返回或设置绘图时采用的颜色模式，其语法格式为：

turtle.colormode(cmode=None)

其中，参数 cmode 为浮点数 1.0 或者整数 255。该方法的作用是返回当前所采用的颜色模式或将颜色模式设置为 1.0 或 255。需要说明的是，在计算机内表示一种颜色的方法是分别记录组成该颜色的红色、绿色和蓝色的分量，以这种方法表示的颜色被称为 RGB 颜色。在颜色模式为 1.0 时，代表这 3 种颜色分量的取值范围为 0～1.0；在颜色模式为 255 时，代表这 3 种颜色分量的取值范围为 0～255。例如：

```
>>> turtle.colormode(1)          # 将绘图时采用的颜色模式设置为 1.0
>>> screen.colormode()           # 返回当前采用的颜色模式
1.0
>>> screen.colormode(255)        # 将绘图时采用的颜色模式设置为 255
>>> screen.colormode()           # 返回当前采用的颜色模式
255
```

（2）pencolor()返回或设置画笔颜色，其语法格式为：

turtle.pencolor(*args)

使用该方法时允许以下 4 种形式。

pencolor()：当以没有任何参数的形式使用该方法时，将返回描述颜色的字符串对象或表示当前画笔颜色的三元组。

pencolor(colorstring)：当以参数为一个表示颜色的字符串对象的形式使用该方法时，该方法将画笔颜色设置为参数 colorstring 所指定的颜色，例如"red""yellow"或"#33cc8c"，其中"#33cc8c"的形式表示的是一个 RGB 颜色，其中代表红色、绿色和蓝色分量的数值分别是十六进制的 33、cc 和 c8（2 位十六进制数的取值范围为 00～ff）。

pencolor((r, g, b))：当以参数为三元组(r, g, b)的形式使用该方法时，该方法将设置画笔颜色为以(r, g, b)三元组表示的 RGB 颜色。其中，r、g、b 分别表示该颜色的红色、绿色和蓝色的分量值，且三者的取值范围在默认的颜色模式下为 0～1 范围内的浮点数。

pencolor(r, g, b)：当以 3 个参数 r、g、b 的形式使用该方法时，该方法将设置画笔颜色为以 r、g、b 作为红色、绿色和蓝色分量表示出的 RGB 颜色，其中，r、g、b 的取值范围在默认的颜色模式下为 0～1 范围内的浮点数。

使用 turtle.color()方法设置画笔颜色的范例如下：

```
>>> colormode()                  # 返回当前采用的颜色模式
1.0
>>> turtle.pencolor()            # 返回当前画笔的颜色，返回值为代表红色的字符串对象
'red'
>>> turtle.pencolor("brown")     # 设置画笔的颜色为棕色，参数为代表棕色的字符串对象
>>> turtle.pencolor()            # 返回当前画笔的颜色
'brown'
>>> tup = (0.2, 0.8, 0.55)       # 创建三元组对象，并与变量 tup 关联
>>> turtle.pencolor(tup)         # 将变量 tup 关联的三元组作为 RGB 颜色参数，设置画笔颜色
>>> turtle.pencolor()            # 返回当前画笔的颜色，返回值为代表 RGB 颜色的三元组
```

< 52 >

```
(0.2, 0.8, 0.5490196078431373)
>>> colormode(255)                    # 改变颜色模式
>>> turtle.pencolor()                 # 在 255 颜色模式下，返回代表 RGB 颜色的三元组
(51.0, 204.0, 140.0)
>>> turtle.pencolor('#32c18f')        # 以 RGB 颜色字符串（十六进制）作为参数指定画笔颜色
>>> turtle.pencolor()                 # 返回画笔的颜色，返回值是代表 RGB 颜色的三元组（十进制）
(50.0, 193.0, 143.0)
```

（3）fillcolor()返回或设置填充颜色，其语法格式为：

turtle.fillcolor(*args)

使用该方法时允许以下 4 种形式。

fillcolor()：当以没有任何参数的形式使用该方法时，将返回描述颜色的字符串对象或表示当前填充颜色的三元组。

fillcolor(colorstring)：当以参数为一个表示颜色的字符串对象的形式使用该方法时，该方法将填充颜色设置为参数 colorstring 指定的颜色描述字符串，例如 "red" "yellow" 或 "#33cc8c"，其中 "#33cc8c" 的形式表示的是一个 RGB 颜色，其中代表红色、绿色和蓝色分量的数值分别是十六进制的 33、cc 和 c8（2 位十六进制数的取值范围为 00～ff）。

fillcolor((r, g, b))：当以参数为三元组(r, g, b)的形式使用该方法时，该方法将设置填充颜色为以(r, g, b)三元组表示的 RGB 颜色。其中，r、g、b 分别表示该颜色的红色、绿色和蓝色的分量值，且三者的取值范围在默认的颜色模式下为 0～1 范围内的浮点数。

fillcolor(r, g, b)：当以 3 个参数 r、g、b 的形式使用该方法时，该方法将设置填充颜色为以 r、g、b 作为红色、绿色和蓝色分量表示出的 RGB 颜色，其中，r、g、b 的取值范围在默认的颜色模式下为 0～1 范围内的浮点数。

使用 turtle.fillcolor 设置填充颜色的范例如下：

```
>>> turtle.fillcolor("violet")        # 设置填充颜色为紫罗兰色
>>> turtle.fillcolor()                # 返回当前的填充颜色，返回值为代表紫罗兰色的字符串对象
'violet'
>>> turtle.fillcolor((50, 193, 143))  # 将三元组作为 RGB 颜色参数，设置填充颜色
>>> turtle.fillcolor()                # 返回当前的填充颜色，返回值为代表 RGB 颜色的三元组
(50.0, 193.0, 143.0)
>>> turtle.fillcolor('#ffffff')       # 将 RGB 颜色字符串（十六进制）作为参数，设置填充颜色
>>> turtle.fillcolor()                # 返回填充颜色，返回值是代表 RGB 颜色的三元组（十进制）
(255.0, 255.0, 255.0)
```

（4）color()返回或设置绘图颜色，其语法格式为：

turtle.color(*args)

该方法用于返回或设置画笔颜色和填充颜色，它允许多种输入格式，用户可以按照如下 0～3 个参数的形式进行使用。

color()

如果以没有参数的形式使用 turtle.color()方法，将返回以一对颜色描述字符串或元组表示的当前画笔颜色和填充颜色，两者也可以分别由 pencolor()和 fillcolor()返回。

color(colorstring)、color((r,g,b))和 color(r,g,b)

如果以 1 个或 3 个参数的形式使用 turtle.color()方法，那么参数的使用方法与 pencolor()的相同，设置后的效果是画笔颜色和填充颜色均为参数中指定的颜色。

color(colorstring1, colorstring2)和 color((r1,g1,b1), (r2,g2,b2))

如果以 2 个参数的形式使用 trutle.color()方法，那么相当于同时使用 pencolor(colorstring1)加

< 53 >

fillcolor(colorstring2)，或者使用 pencolor((r1,g1,b1))加 fillcolor((r2,g2,b2))，对画笔颜色和填充颜色进行不同的设置。例如：

```
>>> turtle.color("red", "green")          # 将"红色"和"绿色"分别设置为画笔颜色和轮廓颜色
>>> turtle.color()                        # 返回当前画笔的颜色设定值
('red', 'green')
>>> color("#285078", "#a0c8f0")           # 设置当前的画笔颜色和轮廓颜色（十六进制表示）
>>> color()                               # 返回当前画笔的颜色设定值（十进制表示）
((40.0, 80.0, 120.0), (160.0, 200.0, 240.0))
```

3.3.3 填充颜色

上一小节的内容中，介绍了改变画笔颜色和填充颜色的方法，接下来将逐一介绍在绘图区域中填充颜色的方法。

（1）begin_fill()开始填充，即设置填充区域的起始位置，其语法格式为：

turtle.begin_fill()

该方法需要在绘制要填充的形状之前调用，以改变当前画笔的填充状态。

（2）end_fill()结束填充，即设置填充区域的结束位置，其语法格式为：

turtle.end_fill()

该方法调用后，将填充上次调用 begin_fill()之后绘制的形状。例如：

```
>>> turtle.color("black", "red")          # 设置画笔颜色为黑色、填充颜色为红色
>>> turtle.begin_fill()                   # 设置当前"海龟"的位置为填充区域的起点
>>> turtle.circle(80)                     # 以 80 作为半径在绘图区域中绘制一个圆形
>>> turtle.end_fill()                     # 对绘制完毕的圆形进行填充
```

（3）filling()判断当前是否处于开始填充的状态，其语法格式为：

turtle.filling()

该方法用于返回当前的填充状态，如果已经调用过 begin_fill()使画笔处在填充状态则为 True，否则为 False。例如：

```
>>> turtle.begin_fill()
>>> turtle.filling()
True
>>> turtle.end_fill()
>>> turtle.filling()
False
```

使用上述介绍的方法，可以在绘图区域中绘制具有填充颜色的图形。例如，将例 3_4 中小花的花瓣填充为黄色的程序如例 3_7 所示。

```
# 例 3_7 为小花的花瓣填充黄颜色
import turtle
turtle.color('black','yellow')            # 将画笔颜色设置为黑色，将填充颜色设置为黄色
turtle.setpos(50,0)                       # 与之前一样，将"海龟"移动到开始绘制的起点
turtle.seth(0)
turtle.begin_fill()                       # 在填充区域的起始位置使用 begin_fill()开始填充
turtle.circle(50,270)
turtle.end_fill()                         # 在填充区域的结束位置使用 end_fill()结束填充

turtle.seth(90)
```

< 54 >

```
turtle.begin_fill()                        # 设置第二朵花瓣的起始填充位置
turtle.circle(50,270)
turtle.end_fill()                          # 设置第二朵花瓣的结束填充位置

turtle.seth(180)
turtle.begin_fill()                        # 设置第三朵花瓣的起始填充位置
turtle.circle(50,270)
turtle.end_fill()                          # 设置第三朵花瓣的结束填充位置

turtle.seth(270)
turtle.begin_fill()                        # 设置第四朵花瓣的起始填充位置
turtle.circle(50,270)
turtle.end_fill()                          # 设置第四朵花瓣的结束填充位置

turtle.home()                              # 绘制花蕊
turtle.dot(100,'red')
turtle.done()
```

在这段程序中，我们使用 turtle.begin_fill() 和 turtle.end_fill() 进行填充区域的设置，从而对小花的花瓣进行颜色填充。该程序绘制出的图形如图 3-7 所示。需要注意的是，在绘制的过程中，由于使用绘制弧线的方法画出花瓣，因此该填充区域的起点和末尾并不在同一位置上，此时"海龟"会自动将填充区域的起点和末尾进行相连，从而构成封闭区域进行颜色填充。

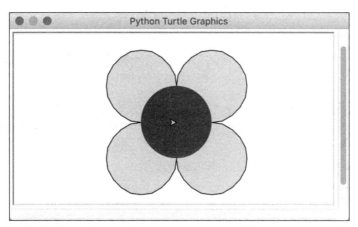

图 3-7　使用 begin_fill() 和 end_fill() 设置填充区域并将小花的花瓣填充为黄色

3.3.4　更多绘图控制

除了改变画笔的状态、改变绘图颜色以及对绘图区域进行颜色填充的方法之外，还有一些完成其他绘图功能的方法，接下来逐一介绍。

（1）clear() 清除当前"海龟"绘制的内容，其语法格式为：

turtle.clear()

该方法的作用是清除当前"海龟"绘制的全部内容，但是并不会改变"海龟"的当前状态。

（2）reset() 清除当前"海龟"绘制的内容，并且重置"海龟"状态，其语法格式为：

turtle.reset()

该方法的作用是清除当前"海龟"绘制的全部内容，同时将"海龟"还原为其初始状态。

（3）write() 用于在当前"海龟"位置书写文字，其语法格式为：

turtle.write(arg, move=False, align="left", font=("Arial", 8, "normal"))

< 55 >

其中，参数 arg 为要书写到绘图区域上的字符串对象；参数 move 为逻辑值，表示是否需要在书写完后将画笔移动至字符串的右下角；参数 align 为字符串对象"left" "center"或"right"，表示字符串对象以当前"海龟"位置为基准的对齐方式；参数 font 为表示字体名称、字体大小和字体类型的三元组(fontname, fontsize, fonttype)。例如：

```
>>> turtle.write("Hello Turtle! ", True, align="center")
```

上述语句运行后，"海龟"将在当前位置书写字符串 "Hello Turtle!"，且字符串对象将以"海龟"所在位置作为参照进行居中对齐，书写完后"海龟"会移动到该字符串的右下角。

3.4 与绘图窗口有关的方法

从之前的学习可知，"小海龟"的绘图工作是在屏幕上的绘图窗口中完成的。Turtle 模块中除了一系列通过控制"海龟"进行绘图的方法以外，还包含一些与绘图窗口有关的非常实用的方法，其中包含以下设置窗口状态的方法。

与绘图窗口有关的
方法

（1）bgcolor()设置绘图窗口的背景颜色，其语法格式为：

turtle.bgcolor(*args)

其中，参数 args 可以是一个颜色字符串、3 个分别表示 RGB 颜色分量的数值或一个表示 RGB 颜色的三元组。请特别注意，此处颜色分量的取值范围由当前采用的颜色模式决定。该方法用于设置或返回当前绘图窗口的背景颜色。例如：

```
>>> turtle.bgcolor("orange")        # 以颜色字符串作为参数，设置绘图窗口的背景颜色为橙色
>>> turtle.bgcolor()                # 返回当前绘图窗口的背景颜色
'orange'
>>> turtle.bgcolor("#800080")       # 以 RGB 颜色字符串（十六进制）作为参数，设置窗口的背景颜色
>>> turtle.bgcolor()                # 返回当前绘图窗口的背景颜色，是一个 RGB 颜色三元组（十进制）
(128.0, 0.0, 128.0)
```

（2）bgpic()设置绘图窗口的背景图片，其语法格式为：

turtle.bgpic(picname=None)

其中，参数 picname 为一个指定图片所在位置及文件名的字符串、"nopic"或 None。该方法用于设置背景图片或返回当前背景图片名称。如果参数 picname 是指定文件所在位置的文件名，则将相应图片设置为背景；如果参数 picname 为"nopic"，则删除当前背景图片；如果参数 picname 为 None，则返回当前背景图片文件名。例如：

```
>>> turtle.bgpic()                       # 返回当前绘图窗口的背景图片，返回值表明当前并未设置
'nopic'
>>> turtle.bgpic("landscape.gif")   # 将图片 landscape.gif 设置为绘图窗口的背景
>>> turtle.bgpic()                       # 再次返回当前窗口的背景图片，返回值为文件名
"landscape.gif"
```

（3）window_height()返回绘图窗口的高度，其语法格式为：

turtle.window_height()

例如：

```
>>> turtle.window_height()          # 返回当前绘图窗口的高度，返回值为 480 像素
480
```

< 56 >

（4）window_width() 返回绘图窗口的宽度，其语法格式为：

turtle.window_width()

例如：

```
>>> turtle.window_width()                    # 返回当前绘图窗口的宽度，返回值为 640 像素
640
```

（5）setup() 设置绘图窗口的大小和位置，其语法格式为：

turtle.setup(width, height, startx, starty)

其中，参数 width 如果是一个整数对象，则表示窗口宽度为多少像素；如果是一个浮点数对象，则表示窗口宽度在屏幕宽度中的占比。默认情况下，该参数为屏幕宽度的 50%。参数 height 如果是一个整数对象，表示窗口高度为多少像素；如果是一个浮点数对象，则表示窗口高度在屏幕高度中的占比。默认情况下，该参数为屏幕高度的 75%。参数 startx 如果为正值，表示窗口的初始位置距离屏幕左边缘多少像素；如果为负值表示距离右边缘多少像素；None 表示窗口水平居中。参数 starty 如果为正值，表示窗口的初始位置距离屏幕上边缘多少像素；如果为负值表示距离下边缘多少像素；None 表示窗口垂直居中。例如：

```
>>> turtle.setup (width=200, height=200, startx=0, starty=0)
>>>              # 设置绘图窗口的宽度和高度均为 200 像素，且将窗口放置在屏幕的左上角
>>> turtle.setup(width=.75, height=0.5, startx=None, starty=None)
>>>              # 设置绘图窗口尺寸为宽度占屏幕 75%，高度占屏幕的 50%，且将窗口放置在屏幕的中央
```

（6）title() 设置绘图窗口的标题文字，其语法格式为：

turtle.title(titlestring)

其中，参数 titlestring 为一个字符串对象，显示为"海龟"绘图窗口的标题栏文本。该方法用于设置"海龟"绘图窗口的标题为参数 titlestring 指定的字符串对象。例如：

```
>>> turtle.title("欢迎来到神奇小海龟的世界！")
```

（7）textinput() 弹出输入文本的对话框，其语法格式为：

turtle.textinput(title, prompt)

其中，参数 title 和参数 prompt 均为字符串对象。该方法用于弹出一个对话框提示用户输入一个字符串。参数 title 用于指定对话框的标题，参数 prompt 用来提示用户要输入什么信息。该方法的返回值为用户输入的字符串对象，如果对话框被用户直接关闭或取消则返回 None。例如：

```
>>> turtle.textinput("欢迎", "请问您的姓名是：")
```

上述语句运行后会弹出图 3-8 所示的对话框。

图 3-8　使用 turtle.textinput() 弹出输入文本的对话框

（8）numinput() 弹出输入数字的对话框，其语法格式为：

turtle.numinput(title, prompt, default=None, minval=None, maxval=None)

其中，参数 title 和参数 prompt 均为字符串对象，参数 default、参数 minval 和参数 maxval 均为数字对象。该方法用于弹出一个对话框提示用户输入一个数字。参数 title 用来指定对话框的标题，参数 prompt

< 57 >

用来提示用户要输入的数值信息。参数 default 用于指定输入的默认值，参数 minval 用来指定可输入的最小值，参数 maxval 用来指定可输入的最大值。用户输入的数值必须在指定的 minval 至 maxval 的范围之内，否则屏幕上将给出提示，并等待用户修改所输入的内容。该方法的返回值为用户输入的数字对象，如果对话框被用户直接关闭或取消则返回 None。例如：

```
>>> turtle.numinput("欢迎", "请问您的年龄是: ", 20, minval=1, maxval=150)
```

上述语句运行后会弹出图 3-9 所示的对话框。

图 3-9　使用 turtle.numinput() 弹出输入数字的对话框

（9）bye() 关闭绘图窗口，其语法格式为：

turtle.bye()

3.5　综合案例：绘制七色彩虹

综合案例：绘制
七色彩虹

本节将介绍利用 Turtle 模块中提供的绘制图形的各类方法，绘制图 3-10 所示的七色彩虹。

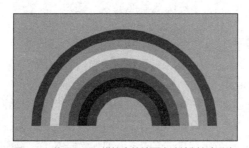

图 3-10　使用 Turtle 模块中的绘图方法绘制七色彩虹

为了达到图 3-10 所示的效果，我们需要先将绘图区域的背景设置为"天蓝色"，之后按照从大到小的顺序，依次在绘图区域中绘制半圆形并对其进行颜色填充即可。为了完成彩虹的拱桥效果，不要忘记在最内侧还要绘制一个"天蓝色"的半圆。程序如例 3_8 所示。

```
# 例 3_8 绘制七色彩虹
import turtle
turtle.speed(0)
turtle.colormode(255)                    # 将颜色模式设置为 255
turtle.bgcolor("skyblue")                # 把背景设置成天蓝色

# 从外向内绘制不同颜色的半圆形
turtle.color((255,0,0))                  # 设置画笔颜色为赤色
turtle.begin_fill()                      # 以"海龟"初始位置作为填充区域的起点
turtle.goto(200, 0)                      # 将"海龟"移动到绘制半圆形对应的弧的起点
turtle.setheading(90)                    # 调整好"海龟"的朝向
```

< 58 >

```
turtle.circle(200, 180)                    # 开始绘制半圆形对应的弧
turtle.home()                              # 回到"海龟"初始的位置，构成封闭的半圆形
turtle.end_fill()                          # 对"海龟"构成的封闭半圆进行颜色填充

turtle.color((255,165,0))                  # 设置画笔颜色为橙色
turtle.begin_fill()                        # 以"海龟"初始位置作为填充区域的起点
turtle.goto(180, 0)                        # 将"海龟"移动到绘制半圆形对应的弧的起点
turtle.setheading(90)                      # 调整好"海龟"的朝向
turtle.circle(180, 180)                    # 开始绘制半圆形对应的弧
turtle.home()                              # 回到"海龟"初始的位置，构成封闭的半圆形
turtle.end_fill()                          # 对"海龟"构成的封闭半圆进行颜色填充

turtle.color((255,255,0))                  # 设置画笔颜色为黄色
turtle.begin_fill()                        # 以"海龟"初始位置作为填充区域的起点
turtle.goto(160, 0)                        # 将"海龟"移动到绘制半圆形对应的弧的起点
turtle.setheading(90)                      # 调整好"海龟"的朝向
turtle.circle(160, 180)                    # 开始绘制半圆形对应的弧
turtle.home()                              # 回到"海龟"初始的位置，构成封闭的半圆形
turtle.end_fill()                          # 对"海龟"构成的封闭半圆进行颜色填充

turtle.color((0,255,0))                    # 设置画笔颜色为绿色
turtle.begin_fill()                        # 以"海龟"初始位置作为填充区域的起点
turtle.goto(140, 0)                        # 将"海龟"移动到绘制半圆形对应的弧的起点
turtle.setheading(90)                      # 调整好"海龟"的朝向
turtle.circle(140, 180)                    # 开始绘制半圆形对应的弧
turtle.home()                              # 回到"海龟"初始的位置，构成封闭的半圆形
turtle.end_fill()                          # 对"海龟"构成的封闭半圆进行颜色填充

turtle.color((0,127,255))                  # 设置画笔颜色为青色
turtle.begin_fill()                        # 以"海龟"初始位置作为填充区域的起点
turtle.goto(120, 0)                        # 将"海龟"移动到绘制半圆形对应的弧的起点
turtle.setheading(90)                      # 调整好"海龟"的朝向
turtle.circle(120, 180)                    # 开始绘制半圆形对应的弧
turtle.home()                              # 回到"海龟"初始的位置，构成封闭的半圆形
turtle.end_fill()                          # 对"海龟"构成的封闭半圆进行颜色填充

turtle.color((0,0,255))                    # 设置画笔颜色为蓝色
turtle.begin_fill()                        # 以"海龟"初始位置作为填充区域的起点
turtle.goto(100, 0)                        # 将"海龟"移动到绘制半圆形对应的弧的起点
turtle.setheading(90)                      # 调整好"海龟"的朝向
turtle.circle(100, 180)                    # 开始绘制半圆形对应的弧
turtle.home()                              # 回到"海龟"初始的位置，构成封闭的半圆形
turtle.end_fill()                          # 对"海龟"构成的封闭半圆进行颜色填充

turtle.color((139,0,255))                  # 设置画笔颜色为紫色
turtle.begin_fill()                        # 以"海龟"初始位置作为填充区域的起点
turtle.goto(80, 0)                         # 将"海龟"移动到绘制半圆形对应的弧的起点
turtle.setheading(90)                      # 调整好"海龟"的朝向
turtle.circle(80, 180)                     # 开始绘制半圆形对应的弧
```

< 59 >

```
turtle.home()              # 回到"海龟"初始的位置，构成封闭的半圆形
turtle.end_fill()          # 对"海龟"构成的封闭半圆进行颜色填充

turtle.color('skyblue')    # 设置画笔颜色为天蓝色
turtle.begin_fill()        # 以"海龟"初始位置作为填充区域的起点
turtle.goto(60, 0)         # 将"海龟"移动到绘制半圆形对应的弧的起点
turtle.setheading(90)      # 调整好"海龟"的朝向
turtle.circle(60, 180)     # 开始绘制半圆形对应的弧
turtle.home()              # 回到"海龟"初始的位置，构成封闭的半圆形
turtle.end_fill()          # 对"海龟"构成的封闭半圆进行颜色填充

turtle.done()              # 结束绘制
```

上述程序中存在很多相似的代码段，利用"复制"并"粘贴"的方法将绘制第一个半圆形的程序复制后，在后续绘制其他半圆形时粘贴即可。那么有没有可能利用 Python 本身提供的功能消除这些重复代码呢？答案当然是肯定的。在接下来的第 4 章中，将介绍一系列控制程序运行流程的新知识。

3.6 本章小结

通过本章的学习，我们掌握了 Python 内置的 Turtle 模块的各类常用方法。

Turtle 模块是 Python 内置的用于图形绘制的模块。导入该模块后，即可使用模块中一系列预置程序来设置"小海龟"的运行参数，并控制"小海龟"在屏幕上完成各种动作。通过这些复杂而有趣的动作，"小海龟"会在屏幕上留下五颜六色的各种形状，从而完成图形绘制的工作。

本章小结

在"海龟"完成各种动作的同时，还可以针对绘图场景的需求，设置画笔的各种状态，如抬笔和落笔等，通过设置画笔状态可以完成更加复杂的图形绘制。

除此以外，本章中还介绍了对绘图窗口的一系列控制方法，包括设置窗口的大小和位置、设置绘图窗口的标题文字等。

本章的最后以绘制七色彩虹作为编程案例，详细演示了使用"海龟"进行图形绘制的完整过程，希望读者能够通过自己上机实践，编写有趣的绘图程序，从而培养 Python 编程的兴趣，进一步提升学习效果。

3.7 课后习题

一、单选题

1. 使用 turtle.speed() 为"小海龟"设置爬行的速度，当 speed() 参数的值是（   ）时，将会跳过"小海龟"的移动过程，直接得到程序绘制的图形效果。

    A. 0   B. 1   C. 5   D. 10

2. 下列选项中，（   ）方法用来控制画笔的尺寸。

    A. penup()   B. pencolor()   C. pensize()   D. pendown()

3. 以下关于"小海龟"的描述，（   ）是正确的。

    A. "海龟"的向前移动 forward() 也可以简写成 fd()

    B. "海龟"的 circle() 只能画一个完整的圆，不能画弧

< 60 >

C. 使用 goto() 将"海龟"移动到另外一个位置的过程中，一定不会在屏幕上留下痕迹

D. "海龟"的 left() 和 lt() 是两个功能不同的方法

4. 在默认情况下，坐标(0,0)表示绘制区域的（　　　），也就是"海龟"初始出现的位置。

　　A. 左下角　　　　　　B. 右上角　　　　　　C. 左上角　　　　　　D. 中心

5. 使用 turtle.setheading() 可以设置"海龟"的朝向。在默认情况下，语句 turtle.setheading(90) 将会使"海龟"朝向（　　　）。

　　A. 正右方　　　　　　B. 正左方　　　　　　C. 正上方　　　　　　D. 正下方

6. 使用 turtle.home() 可以让"海龟"恢复到初始状态，即将"海龟"移至初始坐标(0,0)，并设置"海龟"朝向为初始方向，默认为朝向（　　　）。

　　A. 正右方　　　　　　B. 正左方　　　　　　C. 正上方　　　　　　D. 正下方

7. 语句 turtle.circle(-90,90) 的运行结果是（　　　）。

　　A. 绘制一个圆心在(-90,90)的圆

　　B. 绘制一个半径为 90 的弧形，圆心在"小海龟"行进方向的左侧

　　C. 绘制一个半径为 90 的弧形，圆心在"小海龟"行进方向的右侧

　　D. 绘制一个半径为 90 的圆形，圆心在"小海龟"当前的位置上

8. 当想为一个闭合的圆填充红色时，会使用语句 turtle.begin_fill() 和 turtle.end_fill()，但是如果忘记使用 turtle.end_fill()，则会出现以下选项中（　　　）所描述的效果。

　　A. 圆里无红色填充　　B. 一个红色的圆　　　C. 画布是红色　　　　D. 程序出错

9. 运行语句 turtle.color('#FF0000','#0000FF') 设置"小海龟"的颜色，得到的结果是（　　　）。

　　A. 轮廓颜色是蓝色，填充颜色是绿色　　　　B. 轮廓颜色是蓝色，填充颜色是红色

　　C. 轮廓颜色是红色，填充颜色是蓝色　　　　D. 轮廓颜色是红色，填充颜色是黄色

10. 使用 turtle.gbpic(picname) 可以设置绘图窗口的背景图片，如果调用该方法时指定参数 picname 为（　　　），则会删除当前背景图片。

　　A. "nopic"　　　　　　B. None　　　　　　　C. "no"　　　　　　　D. "none"

二、填空题

1. turtle.left() 和 turtle.right() 分别可以让"海龟"在绘图区域中左转和右转，其中表示转向度数的参数使用的默认单位是_____（角度/弧度）。

2. 调用 Turtle 模块中_____方法可以使"海龟"在绘图区域中不可见。

3. 调用 Turtle 模块中_____方法可以设置绘图区域中"海龟"的形状。

4. 调用 Turtle 模块中_____方法可以清除当前"海龟"绘制的全部内容，但是并不会改变"海龟"的当前状态。

5. 调用 Turtle 模块中_____方法可以清除当前"海龟"绘制的全部内容，同时将"海龟"还原为其初始状态。

6. 调用 Turtle 模块中_____方法可以设置绘图窗口的背景颜色。

7. 运行语句 turtle.setup(startx=None, starty=None) 后，"海龟"的绘图窗口将会被放置在屏幕的_____（左上角/中央/随机位置）。

8. 使用 turtle.textinput() 可以在屏幕上弹出输入文本的对话框，如果对话框被用户直接关闭或取消则返回_____。

9. 使用 Turtle 模块绘图时，"小海龟"在绘图区域中的默认标记形状是一个_____（箭头/三角形/圆形/长方形/菱形/"海龟"）。

10. "#33cc8c"的形式表示的是一个 RGB 颜色，其中代表红色、绿色和蓝色分量的数值分别是_____（二进制/八进制/十进制/十六进制）的 33、cc 和 c8。

< 61 >

学习目标

- 了解程序流程的基本概念，掌握程序流程控制的 3 种结构。
- 掌握 if 选择控制语句，并能熟练使用。
- 掌握 for、while 循环控制语句，并能熟练使用。
- 掌握 else、break、continue 流程控制语句的使用方法。
- 掌握一些简单的数学问题求解方法，如质数的判断、阶乘求解等。

程序是由一系列语句按照特定的结构组成的，3 种基本的程序结构分别是：顺序结构、分支结构和循环结构。不同的程序结构代表着不同的语句运行顺序，即程序的流程。例如，在顺序结构的程序中，将会按照程序中的语句顺序，自上向下逐条运行。本章将逐一介绍如何编写 3 种结构的程序。

4.1 顺序结构

顺序结构的程序在运行时，将严格按照语句在程序中的先后顺序依次运行。例如，编写一个计算三角形面积的程序，其中需要用户依次输入三角形的 3 条边长，然后使用公式：

顺序结构

$$S = \sqrt{p(p-a)(p-b)(p-c)}$$

计算三角形的面积，其中：

$$p = \frac{a+b+c}{2}$$

计算完后，输出三角形的面积，具体的程序代码如例 4_1 所示。

```
# 例 4_1 求解三角形面积
a,b,c = eval(input("请输入三角形的 3 条边长："))
p = (a + b + c)/2
S = (p * (p-a) * (p-b) * (p-c)) ** 0.5
print(f"边长为{a},{b},{c}的三角形的面积是{S}")
```

程序运行后的效果如下：

```
请输入三角形的 3 条边长：3,4,5
边长为 3,4,5 的三角形的面积是 6.0
```

通过观察程序的运行效果，可以看出程序例 4_1 中包含的语句是按照其在程序中的先后顺序被依次运行的，即先进行数据的输入，再按公式完成计算，最后将计算结果输出的所有步骤。

4.2　分支结构

分支结构

分支结构的程序在运行时，允许程序根据不同的"预设条件"运行相应的语句块，从而控制程序的运行流程。分支结构也称为选择结构。例如，在计算三角形面积的程序中，希望增加判断三角形是否成立的预设条件，即只有当输入的 3 条边长能构成三角形时，才计算三角形的面积。若要完成上述功能，则必须在程序中加入对预设条件"三角形是否成立"的判断语句。

Python 中用于构建分支结构程序的关键字有 if、elif 和 else。

4.2.1　if…else…语句

分支语句 if…else…的语法格式如下所示，同时为了表示程序之间的包含关系，语句块 1 和语句块 2 都需要向右缩进，且同一语句块内的语句必须首字符对齐。

if 条件表达式：

　　语句块 1

[else：

　　语句块 2]

在运行上述结构的程序时，首先会计算 if 语句中的条件表达式对应的逻辑值。如果计算结果为 True，就运行语句块 1 并忽略语句块 2；否则，忽略语句块 1 并运行语句块 2。在上述语法格式中，else 语句及其引导的语句块 2 被一个方括号包含，表示括号内的语句可以根据实际情况省略，即如果没有在不满足条件表达式为 True 时需要运行的语句，则可以不添加 else 语句及其引导的语句块 2。

例 4_2 所示的程序在例 4_1 的基础上增加了对预设条件"三角形是否成立"的判断。

```
# 例 4_2 当三角形成立时求解三角形的面积
a,b,c = eval(input("请输入三角形的3条边长: "))
a,b,c = int(a),int(b),int(c)
if a>0 and b>0 and c>0 and a+b>c and b+c>a and a+c>b :
    # 上述表达式成立时，运行此语句块
    p = (a + b + c)/2
    S = (p * (p-a) * (p-b) * (p-c)) ** 0.5
    print(f"边长为{a},{b},{c}的三角形的面积是{S:.2f}")
else:
    # 条件表达式不成立时，运行本语句块
    print("输入的边长不能构成三角形")
```

运行上述程序，并输入一组不能构成三角形的边长数据，程序的运行效果如下：

```
请输入三角形的3条边长: 1 2 3
输入的边长不能构成三角形
```

再次运行程序，并输入一组正常的三角形的 3 条边数据，程序的运行效果如下：

```
请输入三角形的3条边长: 1,1,1
边长为1,1,1的三角形的面积是0.43
```

例 4_2 中的 else 语句块没有省略，原因是当输入的 3 条边数据无法构成三角形时，程序会输出相应的错误提示。

在一些具体问题的求解中，也可以省略 else 语句块，仅使用 if 语句块来构造相应的程序。例如，

< 63 >

编写程序提示用户输入一个有效的年份，输出该年二月份的天数，程序如例 4_3 所示。

```
# 例 4_3 输入年份并输出该年二月份的天数
year = int(input("请输入一个有效的年份: "))
day = 28
if (year % 4 == 0 and not year % 100 == 0) or year % 400 == 0: # 闰年判断条件
    day = 29
print(f"{year}年的二月份有{day}天")
```

运行上述程序，并输入 2022，运行效果如下：

```
请输入一个有效的年份: 2022
2022 年的二月份有 28 天
```

这里，因为 2022 年不是闰年，所以不会运行 if 语句块中的代码。但是当输入的年份是闰年时，则会运行 if 语句引导的语句块将变量 day 中的内容改为 29，例如再次运行程序，输入 2020，运行效果如下：

```
请输入一个有效的年份: 2020
2020 年的二月份有 29 天
```

4.2.2 多分支与 elif 语句

当程序处理的问题需要判断 2 种以上不同的情况时，就需要构建多分支结构的程序。例如，编写程序，参考某水务集团公布的一户一表居民用水价格表（见表 4-1），计算某户居民一年应缴水费。

表 4-1 某水务集团公布的一户一表居民用水价格表（部分）

水费阶梯	年用水量	到户单价
第一阶梯	年用水量≤180m^3	3.04 元
第二阶梯	180m^3<年用水量≤300m^3	3.75 元
第三阶梯	年用水量>300m^3	5.88 元

由表 4-1 可知，3 个阶段的水费计算公式各不相同，因此需要在程序中构造多分支结构，由此引入 elif 语句。

分支语句 if…elif…else…的语法格式如下所示，同时为了表示程序之间的包含关系，语句块 1 至语句块 n 都需要向右缩进，且同一语句块内的语句必须首字符对齐。

if 条件表达式 1：
　　　语句块 1
elif 条件表达式 2：
　　　语句块 2

　　……

[else：
　　　语句块 n**]**

其中，省略号表示 elif 语句块可以根据实际需要出现多次。

在上述计算阶梯水费的例子中，需要在程序中提示用户输入一年的年用水量，并根据该数值计算实际的应缴水费。程序如例 4_4 所示。

```
# 例 4_4 计算阶梯水费
```

< 64 >

```
total = int(input("请输入年用水量: "))
if total <= 180:
    price = 3.04*total
elif total <= 300:
    price = 3.04*180 + 3.75*(total-180)
else:
    price = 3.04*180 + 3.75*(300-180) + 5.88*(total-300)
print(f"年用水量为{total}立方米的用户需缴纳水费为{price}元")
```

运行上述程序，并输入年用水量 282，运行效果如下：

```
请输入年用水量: 282
年用水量为 282 立方米的用户需缴纳水费为 929.7 元
```

为了检验程序例 4_4 的正确性，我们可以在交互方式下输入年用水量 282 的计算公式：

```
>>> 180*3.04+(282-180)*3.75
929.7
```

可以看到，两次运行得到的结果是一致的。

4.3 循环结构

循环结构

循环结构的程序在运行时，我们可以让程序中指定的代码块在一定的条件下重复运行。通过构建循环结构的程序，计算机在满足"预设条件"的情况下，可以重复运行一段语句块，被称为条件循环。构造条件循环有两个要素：一个是循环体，即重复运行的语句块；另一个是循环条件，即重复运行语句块所要满足的条件。在 Python 中通常使用 while 关键字来构建条件循环。此外，还有一种被称为迭代循环的循环结构程序，其运行过程是将某个数据集合中的数据对象逐个赋值到指定的变量中，被赋值的变量称作循环变量，再将循环变量依次代入循环体中重复运行。在 Python 中通常使用 for 关键字来构建迭代循环。

4.3.1 条件循环与 while 语句

while 语句可以在条件为真的前提下重复运行某块语句，它的语法格式如下所示。同时为了表示程序之间的包含关系，语句块需要向右缩进，且语句块内的语句必须首字符对齐。

while 条件表达式 ：

语句块

while 关键字构建的循环结构被称为条件循环，即满足条件时重复运行语句块，循环条件不满足时退出循环。例如，编写程序计算 1+2+3+…+100 的结果，其程序如例 4_5 所示。

```
# 例 4_5 构建条件循环, 计算 1+2+3+…+100 的结果
n = 1
s = 0
while n<=100:
    s = s + n
    n = n + 1
print(f"1+2+3+…+100={s}")
```

上述程序中，while 语句中的 n<=100 即为循环条件，因为程序中刚开始的时候变量 n 的值为 1，满足循环条件，所以循环体中的语句会重复运行。又因为循环体中包含语句 n=n+1，所以在重复运行

< 65 >

循环体后，n 的值逐渐变大，直到 n=101 时循环条件不再成立，此时程序退出循环，并运行之后的输出语句。程序的运行效果如下：

```
1+2+3+…+100=5050
```

使用循环结构，可以有效化简程序，例如，使用条件循环化简例 3_6 的程序完成正方形的绘制。通过观察程序例 3_6 可知，绘制正方形的过程中存在明显的重复语句，即：

```
turtle.forward(200)
turtle.left(90)
```

我们可将其包含在循环体内反复运行，其程序如例 4_6 所示。

```
# 例 4_6 在绘图区域中央绘制一个倾斜的正方形，并使用条件循环化简程序
import turtle
turtle.up()
turtle.setpos(0,200/2**0.5)
turtle.down()
turtle.seth(180+45)

n = 0
while n<4:
    turtle.forward(200)
    turtle.left(90)
    n = n + 1

turtle.done()
```

上述程序中，为了控制循环只运行 4 次，声明变量 n 的初值为 0，并在循环体中加入语句 n=n+1，接着只需将循环条件设置为 n<4 即可达到控制循环次数的目的，程序的运行效果与例 3_6 的运行效果完全相同。

4.3.2 迭代循环与 for…in…语句

与 while 语句构建的条件循环不同，for…in…语句用于构建迭代循环，其特点是会在一系列对象上进行**迭代（Iterates）**，即它会遍历可迭代对象中的每一个元素。for…in…语句的语法格式如下所示，同时为了表示程序之间的包含关系，语句块需要向右缩进，且语句块内的语句必须首字符对齐。

for <循环变量> in <可迭代对象>：

语句块

同样，还是以编写程序计算 1+2+3+…+100 的结果为例，如果使用 for…in…循环来编写程序，其程序如例 4_7 所示。

```
# 例 4_7 构建迭代循环，计算 1+2+3+…+100 的结果
s = 0
for n in range(1,101):
    s = s + n
print(f"1+2+3+…+100={s}")
```

上述程序中，n 被称为循环变量，其值在区间[1,101)中进行整数对象的迭代，即从 n=1 开始重复运行 s=s+n，直到最后 n=100 为止。程序的运行效果如下：

```
1+2+3+…+100=5050
```

由上述程序可知，使用内置函数 range()可以生成可进行迭代的整数对象，range()函数的语法格式为：

< 66 >

range(stop)

或者

range(start, stop[, step])

其中，参数 start 和参数 stop 分别表示生成区间[start, stop)的起始值和结束值，如果参数 start 没有被指定，则默认为 0；参数 step 指的是由 range()函数生成的可迭代对象之间的差值。例如，编写程序计算 100 以内所有偶数的和，程序如例 4_8 所示。

```
# 例 4_8 计算100 以内所有偶数的和
s = 0
for n in range(2,101,2):
    s = s + n
print(f"100 以内所有偶数的和={s}")
```

上述程序中，使用 range()函数生成了在区间[2,101)上差值为 2 的可迭代对象，即 2,4,6,…,98,100，然后对其进行迭代循环，依次将迭代得到的元素赋值给 n，并重复运行循环体内的s=s+n，完成不断累加的计算过程。程序的运行效果如下：

```
100 以内所有偶数的和=2550
```

与条件循环一样，迭代循环也可以用来对程序进行化简。例如，使用迭代循环化简例 3_7 的程序完成为小花的花瓣填充颜色。通过观察例 3_7 程序可知，填充花瓣颜色的过程中存在相同的语句，然后通过数学归纳法将角度的数值与循环变量关联，可以得到例 4_9 所示的程序。

```
# 例 4_9 在屏幕上填充小花花瓣的颜色，并使用迭代循环化简程序
import turtle
turtle.color('black','yellow')
turtle.setpos(50,0)

for i in range(0,4):
    turtle.seth(90*i)
    turtle.begin_fill()
    turtle.circle(50,270)
    turtle.end_fill()

turtle.home()
turtle.dot(100,'red')
turtle.done()
```

上述程序中，循环变量 i 的值由 range(0,4)迭代得到，分别为 0、1、2、3。循环过程中，将数值带入到循环中，即可计算得到填充花瓣颜色前"海龟"的朝向分别为 0 度、90 度、180 度、270 度，程序的运行效果与例 3_7 的运行效果完全相同。

4.3.3　break 语句

通过上一小节的学习可知，在 Python 语言中可以构建循环结构程序，以反复运行同一段语句块中的代码。这样做的好处是可以消除程序中的重复代码，提高程序的可读性。与此同时，Python 还提供了在循环结构中进行程序流程控制的语句：break 语句和 continue 语句，接下来对它们进行逐一介绍。

由 break 关键字构成的语句被称为 break 语句，它的作用是终止当前的循环结构，转而运行该循环结构之后的程序代码。例如，编写程序计算 1+2+3+…+100 的结果，要求在程序中以 while True 引导循环体，其程序如例 4_10 所示。

< 67 >

```
# 例 4_10 计算 1+2+3+…+100 的结果，以 while True 引导循环
n = 1
s = 0
while True:
    s = s + n
    n = n + 1
    if n>100:
        break
print(f"1+2+3+…+100={s}")
```

上述程序中，while 语句的条件表达式为 True，表示循环条件总是成立，即循环体在不被终止的情况下将会无限次地重复运行。但是，通过观察代码可以知道 break 语句将会在 n>100 的时候被运行，这就意味着当循环体中 n>100 的时候循环会被终止，所以上述程序中循环体无限次重复运行的情况并不会真的发生。程序的运行效果如下：

```
1+2+3+…+100=5050
```

以 while True 引导的条件循环，在循环体中一定要有用作终止循环的 break 语句，并在正确的时机被运行，否则就会造成循环体重复运行无法停止的现象，这种现象被称作死循环，如例 4_11 所示的程序。

```
# 例 4_11 死循环范例
n = 1
s = 0
while True:
    s = s + n
    n = n + 1
print(f"程序终止")
```

上述程序中，因为 while 语句中的条件表达式为 True，即循环条件总是成立，且循环体中不包含任何终止循环的语句，所以循环体将会无限次地重复运行，处于程序最后的 print 语句也因此无法被运行，从而屏幕上也就不会有任何输出。通过按键盘上的 Ctrl+C 组合键，可以强制停止当前程序的运行。

4.3.4　continue 语句

由 continue 关键字构成的语句被称为 continue 语句，它的作用是终止本轮循环的运行，继续运行当前循环结构的下一个轮次，直到循环结束。例如，编写程序计算 100 以内所有偶数的和，要求使用 for i in range(1,101)引导循环体，其程序如例 4_12 所示。

```
# 例 4_12 计算 100 以内所有偶数的和，以 for i in range(1,101)引导循环体
s = 0
for i in range(1,101):
    if i%2!=0:
        continue
    s = s + i
print(f"100 以内所有偶数的和={s}")
```

上述程序中，range(1,101)生成的是区间[1,101)上的所有整数对象，此时若要计算所有偶数的和，就必须在循环变量 i 为奇数的时候跳过语句 s=s+i 的运行。对照上述分析，构造由 if 引导的选择结构语句，并在语句中加入对 i 为奇数的判定（即 i 除以 2 的余数不为 0），当此判定成立时运行其中的 continue 语句，以跳过循环中剩余的其他语句，继续运行下一轮循环。程序的运行效果如下：

```
100 以内所有偶数的和=2550
```

< 68 >

4.3.5　循环中的 else 语句

Python 中的循环结构程序也可以像分支结构一样包含由 else 关键字引导的部分，具体内容如下。

在 while 引导的条件循环中使用 else 关键字，语法格式为：

while 条件表达式：
　　　　语句块 1

[else:
　　　　语句块 2]

上述结构的程序中，由 else 关键字引导的语句块 2，将在预设条件不成立（即条件表达式的逻辑值为 False）时被运行。例如，编写程序判断用户输入的正整数是否为质数（所谓质数，就是除了 1 和它本身以外不再有其他因数的大于 1 的自然数），其程序如例 4_13 所示。

```
# 例 4_13 判断用户输入的正整数是否为质数
n = int(input("请输入一个大于 1 的正整数："))
i = 2
while i<n:
    if n % i == 0:
        print(f"{n}不是一个质数")
        break
    i = i + 1
else:
    print(f"{n}是一个质数")
```

上述程序中，由用户输入待判断的数 n。根据质数的定义可知，如果一个数是质数，那么该数的因子应该只有 1 和其本身，即不能被[2,n)的区间上的任意整数整除。根据上述分析，在程序中声明变量 i 且初值为 2，构造以 i<n 作为循环条件的循环结构，在循环中重复判断 n 是否可以被不断递增的 i 整除，若 n 可以被 i 整除则可知 n 不为质数，此时输出 n 不为质数，再运行其后的 break 语句将循环终止；若 n 一直不能被 i 整除，则 i 的值会因为重复运行 i=i+1 而不断增大，直到 i 的值为 n 时，循环条件 i<n 不再满足，从而运行 else 引导的语句块输出 n 为质数。程序在分别输入一个质数和一个非质数时的运行效果如下：

```
请输入一个大于 1 的正整数：13
13 是一个质数
```

以及

```
请输入一个大于 1 的正整数：15
15 不是一个质数
```

在 for 引导的迭代循环中使用 else 关键字，语法格式为：

for <循环变量> in <可迭代对象>:
　　　　语句块 1

[else:
　　　　语句块 2]

上述结构的程序中，由 else 关键字引导的语句块 2 将在可迭代对象中的所有元素都被遍历（即没有元素可供使用）时被运行。例如，编写程序判断用户输入的正整数是否为质数，要求使用 for 关键字构造迭代循环，其程序如例 4_14 所示。

< 69 >

```
# 例 4_14 判断用户输入的正整数是否为质数，要求使用迭代循环
n = int(input("请输入一个大于 1 的正整数："))
for i in range(2,n):
    if n % i == 0:
        print(f"{n}不是一个质数")
        break
else:
    print(f"{n}是一个质数")
```

上述程序中，依旧由用户输入待判断的数 n，循环变量 i 在区间[2,n)中进行整数对象的迭代，在循环中重复判断 n 是否可以被循环变量 i 整除，若 n 可以被 i 整除则可知 n 不为质数，此时输出 n 不为质数，再运行其后的 break 语句将循环终止；若 n 在循环中一直不能被 i 整除，最终会因为可迭代对象中没有元素可用，致使程序运行 else 引导的语句块输出 n 为质数。程序在分别输入一个质数和一个非质数时的运行效果如下：

```
请输入一个大于 1 的正整数：13
13 是一个质数
```

以及

```
请输入一个大于 1 的正整数：15
15 不是一个质数
```

特别需要注意的是，由上述程序的运行结果可知，当循环体中的 break 语句被运行后，由 else 关键字引导的语句块是不会被运行的，即也会随着循环结构的终止而被跳过。

4.4 结构嵌套

程序中，一个分支或者循环结构的程序中包含另一个分支或者循环结构，称作结构嵌套。例如例 4_10、例 4_12、例 4_13、例 4_14 这些程序的循环结构中都包含 if 引导的分支结构，所以这些程序都属于结构嵌套的范畴。

结构嵌套

在结构嵌套的程序中，需要特别关注的是循环结构的嵌套。例如，编写程序在屏幕上输出九九乘法表，此时需要考虑构造 2 层循环分别完成被乘数和乘数的遍历，其程序如例 4_15 所示。

```
# 例 4_15 输出九九乘法表
for i in range(1,10):
    for j in range(1,10):
        print(f"{i}*{j}={i*j:2}",end=" ")      # 输出格式:2 表示 i*j 的结果占 2 个字符宽度
    print()
```

上述程序中，外层循环中的循环变量 i 负责对被乘数进行遍历，在循环变量 i 的每一次遍历中又包含内层循环，其中循环变量 j 负责对乘数进行遍历。由于对乘数的遍历输出在同一行中，因此输出算式的时候我们指定其结束标记由默认的换行改为一个空格。又因为在输出完一整行算式后，需要在下一行输出被乘数的下一次遍历，所以在内层循环结束之后，使用 print()语句输出一个换行符。输出结果如下：

```
1*1= 1 1*2= 2 1*3= 3 1*4= 4 1*5= 5 1*6= 6 1*7= 7 1*8= 8 1*9= 9
2*1= 2 2*2= 4 2*3= 6 2*4= 8 2*5=10 2*6=12 2*7=14 2*8=16 2*9=18
3*1= 3 3*2= 6 3*3= 9 3*4=12 3*5=15 3*6=18 3*7=21 3*8=24 3*9=27
```

< 70 >

```
4*1= 4  4*2= 8  4*3=12  4*4=16  4*5=20  4*6=24  4*7=28  4*8=32  4*9=36
5*1= 5  5*2=10  5*3=15  5*4=20  5*5=25  5*6=30  5*7=35  5*8=40  5*9=45
6*1= 6  6*2=12  6*3=18  6*4=24  6*5=30  6*6=36  6*7=42  6*8=48  6*9=54
7*1= 7  7*2=14  7*3=21  7*4=28  7*5=35  7*6=42  7*7=49  7*8=56  7*9=63
8*1= 8  8*2=16  8*3=24  8*4=32  8*5=40  8*6=48  8*7=56  8*8=64  8*9=72
9*1= 9  9*2=18  9*3=27  9*4=36  9*5=45  9*6=54  9*7=63  9*8=72  9*9=81
```

4.5 pass 语句

pass 语句

pass 语句是 Python 语言中一个非常特殊的语句，该语句运行后不会有任何实质性的功能。它的主要作用就是在语句块不包含任何功能的时候保证程序的语法正确。程序如例 4_16 所示。

```
# 例 4_16 pass 语句示例
a,b,c = eval(input("请输入 3 个数，并用英文逗号分隔："))
d = b**2 - 4*a*c
if d > 0:
    pass
elif d == 0:
    pass
else:
    pass
```

上述程序完成了一个求一元二次方程的根的程序基本框架，由于程序中的所有分支并没有具体内容，程序运行后在输入了方程的系数后，也不会有任何运行结果。但是从上述示例可以看出，pass 语句可以在程序中保证整个程序的语法正确，即如果删除上述程序中任意一处的 pass 语句都会导致 Python 解释器认为该程序包含语法错误。

程序在不断完善的过程中，总会有一些地方需要暂时"空着"，而 pass 语句正是起到这个作用，所以也被称作空语句。

4.6 综合案例：求 100 以内所有质数的和

在顺序结构的程序中，根据实际需要构建分支和循环结构程序是解决复杂问题的一般做法。例如，编写程序将 100 以内所有的质数进行相加，并在屏幕上输出该数。

综合案例：求 100 以内所有质数的和

根据上述要求，为了能够将 100 以内所有的质数都找出来，这里需要构建区间在 [2,100)上的迭代循环，并在循环中判断迭代得到的整数是否为质数，如果是一个质数就进行累加，直到循环结束，程序如例 4_17 所示。

```
# 例 4_17 求 100 以内所有质数的和
s = 0
for i in range(2,100):
    for j in range(2,i):
        if i % j == 0:
            break
    else:
        s = s + i
print(f"100 以内所有质数的和为：{s}")
```

< 71 >

上述程序中，为了实现判断外层的循环变量 i 是否为质数，需要在其中构建内层循环，特别注意内层循环的循环变量不可以和外层循环的循环变量重名。由于程序中出现了不止一层结构的嵌套，为了保证程序功能的正确性，需要特别注意每一条语句前的缩进位置。程序的运行效果如下：

---

100 以内所有质数的和为：1060

4.7 本章小结

通过本章的学习，读者应该了解并掌握了程序的 3 种基本控制结构：顺序结构、分支结构和循环结构，以及用于程序流程控制的 break、continue 等关键字的相关知识。

本章小结

顺序结构是最基本的程序结构。在顺序结构中，程序按照从上往下的顺序一条一条地运行。分支结构是在顺序结构的程序中加入了判断和选择的功能，在 Python 中使用关键字 if、else 和 elif 构建分支结构程序。分支结构可以让程序根据分支条件的成立与否，进行不同的选择，从而运行不同的语句块，最终实现不同的功能。

与分支结构不同，循环结构可以消除程序代码中的重复语句块，让程序更加简洁，从而提升程序的可读性，通常使用 while 和 for 关键字来构建循环结构程序。while 关键字用于构建条件循环，通常在循环的起始位置设置一个循环条件，当循环条件不成立时，循环便会终止。for 关键字用于构建迭代循环，它会遍历可迭代对象中的每一个元素，迭代完后循环终止。

在程序的流程控制中，还有几个特别重要的关键字需要关注，分别是 else、break 和 continue。这些关键字在程序的流程控制中具有举足轻重的作用，希望读者牢牢掌握，并加以实践。

4.8 课后习题

一、单选题

1. Python 语言中，程序的 3 种基本结构不包括（   ）。

    A. 跳转结构　　　　　B. 顺序结构　　　　　C. 分支结构　　　　　D. 循环结构

2. 以下选项中的关键字，（   ）用于终止循环结构程序的运行。

    A. exit　　　　　　　B. else　　　　　　　C. break　　　　　　D. continue

3. 以下选项中的关键字，（   ）用于终止本轮循环的运行，继续运行当前循环结构的下一个轮次，直到循环结束。

    A. exit　　　　　　　B. else　　　　　　　C. break　　　　　　D. continue

4. 以下程序的运行结果是（   ）。

```
x = 10
y = 20
if x > 10:
    if y > 20:
        z = x + y
        print('z is', z)
else:
    print('x is', x)
```

    A. 没有输出　　　　　B. x is 10　　　　　C. z is 20　　　　　D. z is 30

<72>

5. 以下程序的运行结果是（　　　）。

```
grade = 90
if grade >= 60:
    print('Grade D')
elif grade >= 70:
    print('Grade C')
elif grade >= 80:
    print('Grade B')
elif grade >= 90:
    print('Grade A')
```

   A. Grade A   B. Grade B   C. Grade C   D. Grade D

6. 以下程序的运行结果是（　　　）。

```
number = 10
if number % 2 == 0:
    print(number, 'is even')
elif number % 5 == 0:
    print(number, 'is multiple of 5')
```

   A. 10 is even   B. 10 is multiple of 5

   C. 10 is even   D. 程序出错

     10 is multiple of 5

7. 以下程序的运行结果是（　　　）。

```
x,y,z = 1,-1,1
if x > 0:
    if y > 0: print('AAA')
elif z > 0: print('BBB')
```

   A. 'AAA'   B. 'BBB'   C. 无输出   D. 程序出错

8. 以下程序的运行结果是（　　　）。

```
y = 0
for i in range(0, 10, 2):
    y += i
print(f"{y=}")
```

   A. y=0   B. y=10   C. y=20   D. y=30

9. 以下程序的运行结果是（　　　）。

```
x= 0
while x<6:
    if x % 2 == 0:
        continue
    if x == 4:
        break
    x += 1
print(f"{x=}")
```

   A. x=1   B. x=4   C. x=6   D. 死循环

10. 以下程序运行后，while 引导的循环体的运行次数为（　　　）。

```
k = 10
while k>1:
    print(k)
    k = k/2
```

   A. 4   B. 10   C. 5   D. 死循环

< 73 >

二、填空题

1. 以下程序的运行结果是＿＿＿＿＿＿。

```python
countNum,countAlpha,countOther = 0,0,0
for char in "pyhton_3.8":
    if ('0' <= char <= '9'):
        countNum += 1
    elif ('a' <= char <= 'z'):
        countAlpha += 1
    else:
        countOther += 1
else:
    print(countNum,countAlpha,countOther)
```

2. 以下程序的运行结果是＿＿＿＿＿＿。

```python
var_A = 50
if var_A > 20:
    var_A += 10
else:
    var_A -= 10
var_A += 3
print(var_A)
```

3. 以下程序的运行结果是＿＿＿＿＿＿。

```python
sum = 0
i = 1
while sum < 10:
    if i % 2 != 0:
        sum += i
print(sum)
```

4. 以下程序的运行结果中，第1行是＿＿＿＿＿＿，第2行是＿＿＿＿＿＿。

```python
for i in range(3,10,3):
    if i%2:
        print(i)
```

5. 以下程序的运行结果是＿＿＿＿＿＿。

```python
s = 0
for i in range(1,21) :
    if i%2 == 0 :
        continue
    if i%10 == 7 :
        break
    s = s+i
print(s)
```

6. 以下程序的运行结果是＿＿＿＿＿＿。

```python
num = 27
count = 0
while num > 0:
    if num % 2 == 0:
        num /= 2
    elif num % 3 == 0:
        num /= 3
    else:
        num -= 1
    count += 1
print(count)
```

< 74 >

7. 以下程序的运行结果是_____。

```
max = 10
sum = 0
extra = 0
for num in range(1, max):
    if num % 2 and not num % 3:
        sum += num
    else:
        extra += 1
print(sum)
```

8. 如果依次输入 4, 6.8, 1, 9.7, −2（每次只输入一个数值），则以下程序的运行结果是_____。

```
number = eval(input())
max = number
while number>0:
    number = eval(input())
    if number > max:
        max = number
print(max)
```

9. 以下程序的运行结果是_____。

```
a = m = 15
b = n = 20
while a % b != 0:
    a,b = b,a % b
print(b,m*n//b)
```

三、编程题

1. 编写程序，完成以下要求效果：以每行 5 个的形式输出 10～50 中所有 3 的倍数。

输出样例：

```
12 15 18 21 24
27 30 33 36 39
42 45 48
```

2. 编写程序，完成以下要求效果：输出以下格式的九九乘法表。

输出样例：

```
1*1= 1
2*1= 2 2*2= 4
3*1= 3 3*2= 6 3*3= 9
4*1= 4 4*2= 8 4*3=12 4*4=16
5*1= 5 5*2=10 5*3=15 5*4=20 5*5=25
6*1= 6 6*2=12 6*3=18 6*4=24 6*5=30 6*6=36
7*1= 7 7*2=14 7*3=21 7*4=28 7*5=35 7*6=42 7*7=49
8*1= 8 8*2=16 8*3=24 8*4=32 8*5=40 8*6=48 8*7=56 8*8=64
9*1= 9 9*2=18 9*3=27 9*4=36 9*5=45 9*6=54 9*7=63 9*8=72 9*9=81
```

3. 编写程序，完成以下要求效果：输出 100～999 中的所有水仙花数（水仙花数是指一个三位数，其各位数字的立方和等于该数本身）。

输出样例：

```
153
370
371
407
```

4. 编写程序，完成以下要求效果：从键盘上输入一个正整数 num，判断 num 是否为回文数（回

< 75 >

文数就是一个正数顺过来和反过来都是一样的，如 123321、15851 等）。

输入样例 1：

12321

输出样例 1：

12321 是回文数

输入样例 2：

123456

输出样例 2：

123456 不是回文数

< 76 >

第**5**章 函数与模块

学习目标

- 掌握函数的定义和调用方法。
- 理解函数中参数的作用。
- 理解变量的作用域。
- 了解匿名函数 lambda 的基本用法。
- 理解模块与包的概念及用法。
- 掌握 Python 内置模块的基本使用方法。

函数（**function**）是指可重复使用的语句块，该语句块通常用于实现一组特定的功能。在程序中可以通过定义和使用函数来提高代码的复用性，从而提高编程效率及程序的可读性。在程序中使用函数，也被称为**函数调用**（**calling**）。

5.1 函数的定义与调用

函数在被调用之前，需要先通过关键字 def 来完成函数定义，其语法格式为：

函数的定义与调用

def 函数名**([**参数 1**[,** 参数 2···**[,** 参数 *n***]]])**:
    函数体

例 5_1 是一个简单的函数定义例子，它仅实现了在屏幕上输出的功能。

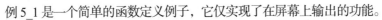

```
# 例 5_1 函数的定义和调用
def say_hello():
    '这是一个示范函数，该函数没有参数'
    print('hello world')
# 定义完后，即可调用该函数
say_hello()
```

由上述程序可知，在函数定义中，函数名必须是合法的标识符，函数名后的一个圆括号用于指定函数的参数，若没有参数也可以省略。函数定义中的参数被称为**形式参数**（**formal parameter**），它用于接收函数调用时传递来的实际参数值。为了正确表示函数体，需要在格式上将其向右缩进。

5.1.1 文档字符串

函数体的第一行语句可以是一个对函数作用进行说明的字符串对象，被称作**文档字符串**（**documentation string 或 docstring**）。一个函数的文档字符串可以通过该函数属性__doc__

访问得到。例如，运行例 5_1 程序后，函数 say_hello() 被成功定义，此时可以使用如下语句访问该函数的 __doc__ 属性。

```
>>> say_hello.__doc__
'这是一个示范函数，该函数没有参数'
```

使用内置 help() 函数，也可以输出函数的文档字符串，具体方法如下：

```
>>> help(say_hello)
Help on function say_hello in module __main__:

say_hello()
    这是一个示范函数，该函数没有参数
```

5.1.2 函数调用

函数定义后，便可以通过调用函数，以运行函数体中定义的代码段。函数调用的语法格式为：

函数名([参数 1[, 参数 2…[, 参数 n]]])

其中，函数名是定义函数时在 def 关键字后给出的标识符，参数列表包含要传入函数的一系列对象，函数调用中所使用的具体参数也被称作**实际参数（actual parameter）**。

接下来，以实际案例介绍函数调用的具体过程。例如，编写程序定义满足以下功能的函数，该函数用来输出 Fibonacci 数列的前 *n* 项，Fibonacci 数列就是形如 1,1,2,3,5,8,13,21…的数列。程序如例 5_2 所示。

```
# 例 5_2 定义函数输出 Fibonacci 数列的前 n 项
def fib(n):
    a,b = 1,1
    item = 1
    while item <= n:
        print(a, end=' ')
        a, b = b, a+b
        item += 1
```

上述程序中，定义了 fib() 函数，函数的形式参数 n 用于接收调用函数时的实际参数，表示输出数列中的前 *n* 项。通过观察数列的元素值，可以发现该数列从第 3 项开始，每一项的值都是前两项之和，所以需要在函数中使用语句 a,b=1,1 完成第 1 项和第 2 项数列元素的赋值，并使用变量 item 表示当前输出的元素序号。之后，构建循环结构程序，重复输出当前的数列元素以及求出下一个数列元素的值，直到循环条件 item<=n 不成立，此时程序输出了数列中的前 *n* 个元素。运行例 5_2 程序后，函数 fib() 即被定义完毕，接下来可以在交互方式中对其进行调用。例如，输出 Fibonacci 数列的前 10 项的具体方法如下：

```
>>> fib(10)
1 1 2 3 5 8 13 21 34 55
```

如果在函数调用时需要传递不止一个实际参数，则需要在函数定义时构造相同数量的形式参数。例如，编写程序定义满足以下功能的函数，该函数用于计算两个对象的和，并输出计算结果，程序如例 5_3 所示。

```
# 例 5_3 定义函数计算两个对象的和并输出
def add(a,b):
    s = a + b
    print(f"{a}+{b}={s}")
```

< 78 >

运行例 5_3 程序后，函数 add() 即被定义完毕，接下来可以在交互方式中对其进行调用。例如：

```
>>> add(5,3)
5+3=8
```

5.1.3　函数的返回值和 return 语句

在函数体中，可以使用由关键字 return 构造的语句，其语法格式为：

return [对象 1[, 对象 2…[, 对象 *n*]]]

该语句的作用是将 return 关键字后的对象返回给调用该函数的语句，并跳过函数体中剩下的语句，即终止函数体转而运行函数调用之后的语句。如果函数体中不包含 return 语句或者 return 语句中省略了待返回的对象，则程序会把空值对象 None 返回给调用该函数的语句。例如，编写程序提示用户输入两个整数，输出其中较大的一个，如果两者相同则输出提示信息"两个整数相等"，要求在程序中定义函数完成比较两个数大小的功能，其程序如例 5_4 所示。

```
# 例 5_4 定义函数计算两个数中的最大值
def maximum(x, y):
    if x > y:
        return x
    elif x < y:
        return y

a,b = eval(input("请输入两个整数，用逗号分隔: "))
if maximum(a, b) == None:
    print("两个整数相等")
else:
    print(f"{a},{b}中较大的数是{maximum(a, b)}")
```

上述程序中，在 maximum() 函数中实现了对参数 x 和 y 进行大小比对的功能，如果 x>y 成立，函数返回参数 x；如果 x<y 成立，函数就返回参数 y。由于函数中并没有明确当 x==y 时的返回值，所以当参数 x 和 y 相等时，函数将会返回空值对象 None。在接下来的函数调用环节，程序中构建了由 if 关键字引导的选择结构对 maximum 的返回值进行判断，如果返回值为 None 则表示两数相等，输出信息"两个整数相等"，否则输出 maximum 函数的返回值，即两数中较大的那一个。

程序在两种输入情况下的运行效果如下：

```
请输入两个整数，用逗号分隔: 3,5
3,5 中较大的数是 5
```

以及

```
请输入两个整数，用逗号分隔: 3,3
两个整数相等
```

return 语句也可以同时将多个对象返回给调用函数的语句。例如，编写程序提示用户输入两个整数，比较这两个数并按照自小至大的顺序输出，如果两者相同输出提示信息"两个数字相等"，要求在程序中定义函数完成比较两个数大小的功能并按照自小至大的顺序返回两个数，其程序如例 5_5 所示。

```
# 例 5_5 定义函数比较两个整数的大小，并按照自小至大的顺序返回
def minmax(x, y):
    if x > y:
        return y,x
    elif x < y:
        return x,y
```

< 79 >

```
a,b = eval(input("请输入两个整数，用逗号分隔："))
if minmax (a, b) == None:
    print("两个整数相等")
else:
    m, n = minmax(a, b)
    print(f"{a},{b}中较小的数是{m}，较大的数是{n}")
```

上述程序中，函数 minmax()内部构造了分支结构程序，根据参数 x 和 y 的比较结果，分别运行不同的 return 语句，将参数 x 和 y 的值按照不同的顺序返回到调用该函数的语句中，即语句"m,n = minmax(a,b)"，完成对变量 m 和 n 的赋值，从而实现将两者中较小的值赋予 m，较大的值赋予 n。

程序的运行效果如下：

```
请输入两个整数，用逗号分隔：5,3
5,3 中较小的数是 3，较大的数是 5
```

5.1.4　匿名函数与 lambda 表达式

当函数的函数体特别简单，仅使用一条表达式就可以表示其返回值的时候，我们可以使用 lambda 关键字构造 lambda 表达式进行函数定义。lambda 表达式的语法格式为：

lambda [参数 1[, 参数 2…[, 参数 *n*]]]:返回值表达式

由于 lambda 表达式中仅包含函数的参数和返回值表达式，没有用作函数名的标识符，因此把以 lambda 表达式定义的函数称作匿名函数（anonymous functions）。例如，使用 lambda 表达式定义一个求得两数之和的函数，程序如下：

```
>>> add = lambda a,b:a+b
>>> add(5,3)
8
```

上述语句中，lambda 表达式中的变量 a 和 b 是匿名函数的两个参数，冒号右边的 a+b 是匿名函数的返回值，通过赋值语句将匿名函数对象关联至变量 add，在之后的函数调用中，便可以将 add 当作函数名来使用。

5.2　函数的参数传递

函数调用时，默认按位置顺序将实际参数逐个传递给形式参数，也就是调用时，传递的实际参数和函数定义时确定的形式参数在顺序、个数上要一致，否则调用时会出现错误。为了增加函数调用的灵活性和方便性，Python 中还提供了一些有用的函数参数的使用方式。

函数的参数传递

5.2.1　默认参数值

函数定义时可以给形式参数赋予默认值，即存在**默认参数值（default argument values）**的情况。当形式参数被指定了默认值时，如果在函数调用中没有给这个参数传递具体的值，就以默认值作为该参数的实际参数。例如，编写程序定义一个重复输出对象内容的函数，要求该函数包含 2 个参数，第一个参数为需要输出的对象，第二个参数为需要重复输出的次数，其程序如例 5_6 所示。

< 80 >

```
# 例 5_6 编写程序重复输出对象的内容
def repeat(obj = "你好! ", time = 3):
    for i in range(time):
        print(obj)
```

上述程序中，函数 repeat()包含两个形式参数，其中参数 obj 的默认值为字符串对象"你好! "，参数 time 的默认值为整数对象 3。运行例 5_6 程序后，函数 repeat()即被定义完毕，接下来可以在交互方式中对其进行调用，以下 4 种对该函数的调用方式都是正确的。

```
>>> repeat()                    # 两个参数都使用默认值
你好!
你好!
你好!
>>> repeat("Hello")             # 以"Hello"作为第一个参数传入函数，第二个参数 time 使用默认值
Hello
Hello
Hello
>>> repeat(5)                   # 以 5 作为第一个参数传入函数，第二个参数 time 使用默认值
5
5
5
>>> repeat("Hello",5)           # 不使用默认值，使用传递的实际参数调用函数
Hello
Hello
Hello
Hello
Hello
```

观察上述语句的运行结果可知，范例中 repeat()函数的第一种调用方式中没有指定任何实际参数，所以参数 obj 和参数 time 的值为默认值，函数运行效果为输出 3 次"你好!"；范例中 repeat()函数的第二种和第三种调用方式中都只给了一个实际参数，由于函数调用的参数传递过程是按照参数位置依次将实际参数传递给形式参数的，因此这两种调用方式实际上都是对参数 obj 的赋值，即函数的运行效果分别为输出 3 次"Hello"和输出 3 次整数 5；范例中 repeat()函数的第四种调用方式指定了两个参数，同样还是按照上述参数传递原则，实际参数"Hello"会被赋予形式参数 obj，实际参数 5 会被赋予形式参数 time，函数的运行效果为输出 5 次"Hello"。

5.2.2 关键字参数

那么，在实际使用过程中，如果遇到只希望对形式参数 time 进行赋值的情况时，我们应该如何对例 5_6 中定义的 repeat()函数进行调用呢？

针对上述问题，Python 提供了使用参数名而非参数位置进行参数传递的方式，这种参数传递方式被称为**关键字参数**（**keyword arguments**），该方式要求程序在函数调用时以"形式参数名=实际参数值"的形式表明实际参数与形式参数的对应关系。例如，以下对 repeat()函数的调用形式表示将实际参数 5 赋值给形式参数 time。

```
>>> repeat(time=5)
你好!
你好!
你好!
你好!
你好!
```

< 81 >

　　使用关键字参数的方法使函数调用时不再需要考虑参数的顺序，函数更易用。特别地，当函数定义中存在默认参数时，只需要对个别参数赋值就可以正确调用函数。但方便的同时，要注意避免对同一参数多次赋值的情况，例如使用如下的形式对 repeat() 函数进行调用。

```
>>> repeat(5,obj="Hello")
Traceback (most recent call last):
  File "<pyshell#0>", line 1, in <module>
    repeat(5,obj="Hello")
TypeError: repeat() got multiple values for argument 'obj'
```

　　上述函数调用中，由于第一个实际参数没有按照关键字参数的方式指定，因此会按照位置顺序赋值给形式参数 obj，之后又使用关键字参数的方式再次给形式参数 obj 赋值，从而引发对同一个形式参数多次赋值的错误。

　　另外，在函数调用中，关键字参数之后的位置上不再允许使用位置参数，例如以下 repeat() 函数的调用形式也是错误的。

```
>>> repeat(obj="Hello",5)
SyntaxError: positional argument follows keyword argument
```

5.2.3　可变数量参数

　　Python 还支持可变数量参数（**variadic arguments**），也就是用一个形式参数接收不确定个数的实际参数。定义函数时，如果使用可变数量的参数，我们需要在其参数名称前放置一个星号*，其语法格式为：

def 函数名([参数 1[, 参数 2…[, 参数 *n*]]][,*可变数量参数]):

　　由上述格式可知，在可变数量参数之前，可能会出现零个或多个普通参数，即当普通参数接收完对应的实际参数值之后，可变数量参数可以接收传递给函数的所有剩余实际参数。例如，编写程序完成以下功能的函数定义，要求该函数能够统计某位同学各门课程的平均分并输出计算结果，其中第一个参数用于接收学生姓名，其后的所有参数均代表该同学的各门课成绩。由可变数量参数定义可知，因为其可以接收不止一个实际参数值，所以它一定是一个可迭代对象，这意味着可以在程序中构造由 for 引导的迭代循环对其中包含的实际参数值进行遍历。程序如例 5_7 所示。

```
# 例 5_7 编写程序定义函数计算某同学各门课程的平均分
def average(name,*scores):
    total = 0
    count = 0
    for score in scores:
        total = total + score
        count = count + 1
    print(f"{name}的各门课程的平均分为：{total/count}")
```

　　上述程序中，循环变量 score 用于依次接收存放在可变数量参数 scores 中代表各门课程成绩的实际参数值，并在循环体内进行累加和计数分别得到总分值和课程门数。循环结束后，使用总分值 total 除以课程门数 count 即可得到该同学所有课程的平均分。运行例 5_7 程序完成函数定义，之后在交互方式中对函数进行调用，运行效果如下：

```
>>> average("张甜甜",98,92,95)
张甜甜的各门课程的平均分为：95.0
>>> average("李萌萌",90,85,88,93,100)
李萌萌的各门课程的平均分为：91.2
```

< 82 >

观察上述运行结果可知，形式参数 name 用于接收函数调用中的第一个实际参数，其后剩余的所有实际参数都将赋值给可变数量参数 scores。

5.3 变量的作用域

Python 语言中，在程序不同位置被赋值的变量，它们在程序中可以被访问的范围也会不同。某个变量在程序中可以被正常访问的范围，被称作该变量的**作用域**（scope）。根据变量的作用域不同，将变量分为局部变量和全局变量。

变量的作用域

5.3.1 局部变量

在函数内部被赋值的变量（包括函数的形式参数）是局部变量，它的作用域为当前函数的函数体部分，函数体外的语句是无法访问当前函数中的局部变量的。例如，编写程序分别在不同位置输出在函数体内被赋值的变量，其程序如例 5_8 所示。

```
# 例 5_8 局部变量的作用域
def fun():
    var = 100
    print(f"输出在函数内被赋值的局部变量: {var=}")

fun()
print(f"输出在函数内被赋值的局部变量{var=}")
```

上述程序中，变量 var 在函数体内被赋值，当函数 fun() 被调用时，程序可以正常输出该变量的内容，但是函数调用完后再次输出变量 var 的内容时，便会产生报错，运行效果如下：

```
输出在函数内被赋值的局部变量: var=100
Traceback (most recent call last):
  File "全书范例代码/例5_8.py", line 7, in <module>
    print(f"输出在函数内被赋值的局部变量{var=}")
NameError: name 'var' is not defined
```

上述程序的报错信息表示的是当程序运行到当前位置时，无法在内存中找到变量 var，即函数外的输出语句已经超出了局部变量 var 的作用域。

为了防止在程序中访问不存在的变量或者函数等对象，我们可以使用 locals() 函数查看当前作用域中的标识符名称及其内容，函数的语法格式为：

locals()

该函数的作用是返回当前函数调用位置的局部作用域中，所有已经定义的标识符名称以及这些标识符关联的对象内容。例如，在例 5_8 程序中修改语句输出不同作用域中的标识符，程序如例 5_9 所示。

```
# 例 5_9 输出不同作用域中的标识符名称
def fun():
    var = 100
    print(f"函数调用中局部可访问的标识符名称及其对应的内容有: {locals()}")

fun()
print(f"变量var是否存在于当前程序的顶层作用域中: {'var' in locals()}")
```

< 83 >

上述程序的运行结果如下：

函数调用中局部可访问的标识符名称及其对应的内容有：{'var': 100}
变量 var 是否存在于当前程序的顶层作用域中：False

观察上述程序的运行结果可知，locals()函数可以返回当前调用位置已定义的局部可访问标识符，因为函数内包含对变量 var 的赋值语句，并且该变量只在函数内部可访问，所以变量 var 及其内容被函数内的 locals()函数返回。同时，还可以用表达式"标识符名称 in locals()"判断指定的标识符名称是否是局部可访问的，由于例 5_9 程序的顶层作用域中并未包含名称为 var 的对象，因此程序的最后一行中表达式"'var' in locals()"的值为 False，即在此处变量 var 是不可访问的。请特别注意上述表达式中的标识符名称必须是字符串类型的对象。

5.3.2 全局变量

在 Python 程序文件的顶层结构中被赋值的变量是全局变量，它的作用域是从该变量的赋值语句开始直到程序文件结束的全部范围，即它可以被整个程序文件中该变量赋值语句之后的所有语句访问。例如，编写程序分别在不同位置输出全局变量，其程序如例 5_10 所示。

```
# 例 5_10 全局变量的作用域
var = 100

def fun():
    print(f"在函数内输出全局变量：{var=}")

fun()
print(f"在顶层结构中输出全局变量：{var=}")
```

运行上述程序后，屏幕上显示如下结果。

在函数内输出全局变量：var=100
在顶层结构中输出全局变量：var=100

上述程序的运行结果表示全局变量可以在被赋值以后被之后的其他所有程序访问，但是读者需要注意一种特殊情况，即在函数内使用了与全局变量相同名称的局部变量时，函数内的语句会优先访问局部变量的内容。例如，编写程序输出相同名称的全局变量和局部变量的内容，其程序如例 5_11 所示。

```
# 例 5_11 同名全局变量和局部变量
var = 100

def fun():
    var = 200
    print(f"在函数内输出变量：{var=}")

fun()
print(f"在顶层结构中输出变量：{var=}")
```

运行上述程序后，屏幕上显示如下结果。

在函数内输出变量：var=200
在顶层结构中输出变量：var=100

通过上述程序的运行结果可知，函数体内的赋值语句其实是创建了一个新的局部变量，而不是对原有全局变量的重新赋值。由于局部变量的作用域仅仅是自赋值语句开始直到函数体运行完毕，因此函数调用之后的语句输出的是全局变量中的内容。

< 84 >

与 locals()函数类似，Python 还提供了内置函数 globals()，用于在程序中查看可以全局访问的标识符名称及其内容，函数的语法格式为：

globals()

该函数的作用是返回当前函数调用位置的全局作用域中，所有已经定义的标识符名称以及这些标识符关联的对象内容。例如，在例 5_11 程序中修改语句分别在函数定义内和函数定义外输出全局作用域中的标识符及其内容，程序如例 5_12 所示。

```
# 例 5_12 在程序的不同位置输出全局作用域的标识符名称及其内容
var = 100

def fun():
    var = 200
    print(f"在函数调用内输出全局标识符名称及其内容: {globals()}")

fun()
print(f"在顶层结构中输出全局标识符名称及其内容: {globals()}")
```

上述程序的运行结果如下所示。

```
在函数调用内输出全局标识符名称及其内容: {'__name__': '__main__', '__doc__': None,
'__package__': None, '__loader__': <class '_frozen_importlib.BuiltinImporter'>,
'__spec__': None, '__annotations__': {}, '__builtins__': <module 'builtins'
(built-in)>, '__file__': '全书范例代码/例5_12.py', 'var': 100, 'fun': <function fun
at 0x7f97bdf134c0>}
在顶层结构中输出全局标识符名称及其内容: {'__name__': '__main__', '__doc__': None,
'__package__': None, '__loader__': <class '_frozen_importlib.BuiltinImporter'>,
'__spec__': None, '__annotations__': {}, '__builtins__': <module 'builtins'
(built-in)>, '__file__': '全书范例代码/例5_12.py', 'var': 100, 'fun': <function fun
at 0x7f97bdf134c0>}
```

观察上述程序的运行结果可知，无论是在函数内部，还是在程序的顶层结构中，运行 global()函数都可以返回函数调用处可访问的全局对象，所以在程序的两处 print()函数的输出结果中都可以观察到全局变量 var 及其代表的整数 100，而定义在函数内的局部变量 var 和其代表的整数 200 并未出现在输出结果中。关于输出结果中其他全局对象的含义会在后续的章节中介绍。

5.3.3 全局变量声明与 global 语句

前两小节中介绍了局部变量和全局变量的使用方法，由此可知，在函数内部被赋值的变量会被认为是局部变量。如果需要在函数内部对全局变量进行赋值，就需要使用 global 关键字对其进行声明，其语法格式为：

global 标识符 1[, 标识符 2…[, 标识符 n]]

上述语句将 global 关键字后的标识符所对应的内容声明为全局对象，包括变量、函数等。例如，编写程序在函数内对全局变量赋值并在函数内与函数调用后输出变量的内容，其程序如例 5_13 所示。

```
# 例 5_13 在函数内声明全局变量
var = 100

def fun():
    global var
    var = 200
```

< 85 >

```
        print(f"在函数内输出变量: {var=}")

fun()
print(f"在顶层结构中输出变量: {var=}")
```

观察上述程序可知，例 5_13 与例 5_12 的程序不同之处在于函数内对变量 var 赋值之前，使用 global 语句对变量 var 进行了全局声明，即之后对变量 var 的赋值并不会在函数内创建局部变量，而是对全局变量 var 的重新赋值，将其内容由 100 改为 200，所以函数调用完后的输出语句输出的是变量 var 被重新赋值之后的内容。程序的运行结果如下：

```
在函数内输出变量: var=200
在顶层结构中输出变量: var=200
```

5.4 函数的递归

在一个函数内部如果直接或者间接地出现了对该函数本身的调用，称作函数的递归。函数的递归是一种常见的编程方法，适用于把一个大型复杂的问题逐层转换为一个与原问题性质相似，但规模较小的问题来求解的场景。例如，编写程序求 *n* 的阶乘，程序如例 5_14 所示。

函数的递归

```
# 例 5_14 利用递归完成 n 的阶乘的求解并输出
def fact(n):
    if n == 0:
        return 1
    else:
        return n * fact(n-1)
n = int(input("请输入一个非负整数: "))
print(f"{n}的阶乘为: {fact(n)}")
```

为了理解上述程序，我们对题目进行分析，由数学知识可知，一般情况下求非负整数 n 的阶乘可以化简为 n!=n*(n-1)!，例如 3!=3*2!、5!=5*4!等，但是该算式在 n=0 时是不正确的，因为 0!的计算结果应该为 1，而不是 0*(-1)!。由上述分析可知，我们在函数内需要构造分支结构程序，将 n==0 作为预设条件进行判断，进而运行不同的 return 语句返回不同的结果。该程序的运行结果如下：

```
请输入一个非负整数: 5
5 的阶乘为: 120
```

再例如，编写程序求 Fibonacci 数列的第 *n* 项，要求使用递归完成函数定义，其程序如例 5_15 所示。

```
# 例 5_15 利用递归求 Fibonacci 数列的第 n 项
def fib(n):
    if n == 1 or n == 2:
        return 1
    else:
        return fib(n-1)+fib(n-2)
n = int(input("请输入一个正整数: "))
print(f"Fibonacci 数列的第{n}项为: {fib(n)}")
```

为了理解上述程序，我们对题目进行分析，由数学知识可知，一般情况下 Fibonacci 数列的第 n 项为前两项之和，即 fib(n)=fib(n-1)+fib(n-2)，但是该算式在 n=1 和 n=2 时是不正确的，即数列的前两项

< 86 >

应该由程序直接给出。由上述分析可知，在函数内需要构造分支结构程序，将 n==1 或者 n==2 作为预设条件进行判断，进而运行不同的 return 语句返回不同的结果。该程序的运行结果如下：

请输入一个正整数：8
Fibonacci 数列的第 8 项为：21

观察例 5_14 和例 5_15 程序可知，在函数 fact() 和 fib() 的函数体内都包含了对自身的函数调用，这种在函数内部调用自身函数的方法被称为直接递归。同理，如果在某函数 fun() 的函数内部并不包含对自身的函数调用，而是在运行函数 fun() 的过程中，通过函数体内的其他函数间接调用函数 fun() 的情况就被称为间接递归。

5.5 模块与包

程序由一条条语句实现，当程序功能复杂且代码行数很多时，如果不采取一定的组织方法，就会使程序的可读性较差，后期也难以维护。

在 Python 中，代码可以按如下方式一层层地组织起来。

模块与包

（1）使用函数将完成特定功能的代码进行封装，然后通过函数的调用完成该功能。

（2）将一个或几个相关的函数保存为扩展名为.py 的程序文件，构成一个**模块**（**modules**）。导入模块，就可以调用该模块中定义的函数。

（3）一个或多个模块连同一个特殊的文件 __init__.py 保存在一个文件夹下，形成包（**packages**）。包能方便地分层次组织模块。

接下来详细介绍模块和包的使用方法。

5.5.1 模块

Python 语言中，模块就是文件名以.py 为扩展名的程序文件。例如，程序文件 abc.py 就是一个名为 abc 的模块。在程序中导入模块后，就可以调用定义在该模块中的函数，达到将函数内的代码进行反复使用的目的。

程序中如果要使用某个模块中定义的变量或者函数，首先要导入该模块。导入模块及调用模块中已经定义好的函数的操作方法有两种，如表 5-1 所示。

表 5-1　导入模块及调用模块中已经定义好的函数的操作方法

语法分类	方法一
导入模块的语法格式	import 模块名 1 [as 别名 1]…[, 模块名 n as 别名 n]
函数调用的语法格式	模块名.函数名(实际参数) 在使用别名的情况下：别名.函数名(实际参数)

语法分类	方法二
导入模块中函数的语法格式	from 模块名 import 函数名 1 [as 函数别名 1]…[, 函数名 n as 函数别名 n] 或者：from 模块名 import *（导入模块中定义的所有内容）
函数调用的语法格式	函数名(实际参数) 在使用别名的情况下：函数别名(实际参数)

为了方便对上述方法进行举例，先编写程序文件 funs.py，在其中定义函数 fact(n)用于计算参数 n 的阶乘，程序如下所示。

< 87 >

```
"""
```
这里是 funs 模块的说明文字，该模块中只包含一个函数定义：
　　funs(n):求 n 的阶乘
```
"""
def fact(n):
    s = 1
    for i in range(1,n+1):
        s = s * i
    return s
```

　　当以表 5-1 所示的第一种方式调用定义在模块 funs 中的函数 fact(n)时，程序如例 5_16 所示。

```
# 例 5_16 导入模块后，再调用模块中定义的函数
import funs
n = int(input("请输入一个正整数："))
result = funs.fact(n)
print(f"{n}的阶乘为：{result}")
```

　　上述程序中，首先运行 import funs 语句导入了 funs 模块，之后的 funs.fact(n)是对 funs 模块中的 fact(n) 函数的调用。程序的运行结果如下：

```
请输入一个正整数：5
5 的阶乘为：120
```

　　有的时候，模块的名字会比较长。为了方便程序的编写，我们可以在程序中使用别名来代替模块名，程序如例 5_17 所示。

```
# 例 5_17 使用别名导入模块
import funs as f
n = int(input("请输入一个正整数："))
result = f.fact(n)
print(f"{n}的阶乘为：{result}")
```

　　当以表 5-1 所示的第二种方式调用定义在模块 funs 中的函数 fact(n)时，程序如例 5_18 所示。

```
# 例 5_18 直接导入定义在模块中的内容
from funs import fact
n = int(input("请输入一个正整数："))
result = fact(n)
print(f"{n}的阶乘为：{result}")
```

　　上述程序中，直接导入模块 funs 中的 fact(n)函数，之后调用 fact(n)时无须在前方加上模块的名称，该程序的运行结果与例 5_16 的运行结果完全一样。

　　另外，如果要在当前程序中导入 funs 模块中的所有内容，也可以使用下方的语句来实现。其中，语句中的星号*，代表的就是该模块中的所有内容。

```
from funs import *
```

　　在不清楚模块中都定义了哪些对象的时候，可以借助内置函数 dir()来"帮忙"，该函数的语法格式为：

　　dir([object])

其中，参数 object 就是待查询的对象，函数运行后会返回对象 object 中定义的所有内容。如果以没有参数的形式调用 dir()函数，其运行后会返回当前作用域中可访问的所有对象名称。例如，编写程序调用内置函数 dir()查看模块 funs 中定义的所有对象，程序如例 5_19 所示。

```
# 例 5_19 查看某个对象中所有可以访问的内容
import funs
print(f"模块 funs 中可以访问的内容有：{dir(funs)}")
```

< 88 >

上述程序的运行效果如下所示，输出结果中包含了在 funs 模块中定义好的 fact()函数。

```
模块 funs 中可以访问的内容有: ['__builtins__', '__cached__', '__doc__', '__file__',
'__loader__', '__name__', '__package__', '__spec__', 'fact']
```

　　观察上述运行结果可以发现，除了函数 fact()之外，还有一些以 2 个下画线开始和结束的变量名，这些变量名所代表的对象是每一个 Python 模块都会有的通用属性，例如代表当前模块的说明文字的变量名__doc__、代表当前模块的文件路径的变量名__file__、代表当前模块名称的变量名__name__等，在交互方式中输出 funs 模块中这些变量的内容，效果如下所示。

```
>>> import funs
>>> print(funs.__doc__)

这里是 funs 模块的说明文字，当前模块中只包含一个函数定义:
    funs(n):求 n 的阶乘

>>> print(funs.__file__)
/全书范例代码/funs.py
>>> print(funs.__name__)
funs
```

其中，特别需要注意的是代表当前模块名称的变量名__name__。当一个模块不是以导入的方式被运行，而是以一个单独的模块被运行时，其__name__属性中的值为"__main__"。例如，编写程序，在程序中输入当前模块的__name__属性，程序如例 5_20 所示。

```
# 例 5_20 输出当前模块的__name__属性
print(f"当前模块的__name__属性值为: {__name__}")
```

　　例 5_20 程序在 Python 开发环境中直接运行后，可以得到如下运行结果:

```
当前模块的__name__属性值为: __main__
```

　　例 5_20 程序在交互方式中以导入模块的方式运行，该程序的运行结果如下:

```
>>> import 例 5_20
当前模块的__name__属性值为: 例 5_20
```

　　观察上述两种运行结果可知，当以导入方式运行例 5_20 程序时，该模块的__name__属性值即为该模块的主文件名，而当该模块被直接交给 Python 解释器运行时，模块的__name__属性值为__main__。

　　利用模块的__name__属性的特殊性，可以完成一些有用的功能。例如，编写程序定义函数 fact(n)，要求该函数实现计算 n 的阶乘的功能，并且当该模块并非以导入的方式被运行时，输出 5 的阶乘，该程序如例 5_21 所示。

```
# 例 5_21 利用模块的__name__判断程序的运行方式
def fact(n):
    s = 1
    for i in range(1,n+1):
        s = s * i
    return s

if __name__ == "__main__":
    print(f"5 的阶乘为: {fact(5)}")
```

< 89 >

上述程序在被直接运行时，会在屏幕上输出 5 的阶乘，运行效果如下：

5 的阶乘为：120

但是，如果该程序被 import 语句导入，由于 if 语句中的判定条件不成立，因此此时程序不输出任何内容；如果需要计算 5 的阶乘，则需要另外输入对函数 fact() 的调用语句，例如：

```
>>> from 例5_19 import fact
>>> fact(5)
120
```

5.5.2 包

包是 Python 引入的分层次的文件目录结构，它定义了一个由模块以及嵌套在包内的包组成的多级层次的 Python 程序文件结构。

每个包的目录中都会包含名为 __init__.py 的特殊文件，该文件中的程序会在导入包中对象的时候被运行，这个过程也被称为包的初始化。虽然程序文件 __init__.py 的内容可以为空，但是该文件必须存在，因为它表明这个目录不是一个普通的文件目录，而是 Python 语言中的包，其中会包含模块或者嵌套在其中的包。

上述描述中，所谓包的嵌套关系，就是在包中还可以包含包，对应在文件系统中表示可以有多级目录进行嵌套，以组成多级层次的包结构。同样，嵌套在外层的包中的内层的包，其中也都需要包含一个 __init__.py 文件。例如，构建一个包含包的嵌套关系的 Python 程序文件结构，如图 5-1 所示。

图 5-1 所示的结构表明，名为 world 的包中还包含名为 asia 和 africa 的两个包，它们分别包含了各自的模块文件 h1.py 和 h2.py。同时，在顶层目录中包含名为例 5_22.py 的模块，用于演示如何在顶层模块中导入包含在模块 h1.py 和 h2.py 中的函数定义，程序如例 5_22 所示。

图 5-1 复杂 Python 项目的包结构

```
# 例 5_22 引用包中的包和模块
import world.asia.h1                    #引用包中模块的方法一
from world.africa import h2             #引用包中模块的方法二
world.asia.h1.hello()                   #调用模块中的函数方法一
h2.hello()                              #调用模块中的函数方法二
```

在名为 world 的包中，程序文件 __init__.py 包含以下语句，这些语句将会在导入包中的任意对象时被运行。

```
# 包的初始化文件示例
print("world 包被初始化了")
```

同时，在名为 h1.py 和 h2.py 两个模块中分别定义了同名函数 hello()，因为 hello() 函数处在不同的模块中，所以两者并不会产生命名冲突，程序如下所示。

```
# asia 包中的 h1 模块
def hello():
    str = "Hello, this is Asia."
    print(str)
```

以及

```
# africa 包中的 h2 模块
```

< 90 >

```
def hello():
    str = "Hello, this is Africa."
    print(str)
```

完成上述程序的编写后，运行程序例 5_22，程序的运行效果如下：

```
world 包被初始化了
Hello, this is Asia.
Hello, this is Africa.
```

观察上述运行结果可知，虽然模块 h1 和模块 h2 中有同名的函数 hello，但是因为所属的模块不同，所以函数调用时并没有产生冲突现象。

5.6　常用的标准模块

Python 中的模块有 3 种：自定义模块、标准模块和第三方模块。

前面的章节已经介绍了如何编写自定义模块，以及在自定义模块中完成函数定义，并根据实际需要在程序中进行函数调用。

标准模块是随着 Python 安装程序一并被装入计算机的模块，它是 Python 运行的核心，提供了关于系统管理、网络通信、文本处理等功能。大部分标准模块的使用方法与用户自定义模块的使用方法一样，需要先使用 import 语句进行导入，才可以使用模块中定义的函数。但是，包含在 builtins 模块中的函数会被直接包含在 Python 解释器中，所以无须导入 builtins 模块便可以直接使用其中定义的函数。

常用的标准模块

第三方模块也被称为第三方程序库，它是在 Python 发展过程中针对各种领域，如科学计算、Web 开发、数据库接口、图形系统等逐步形成的，需要独立安装后才可以在 Python 中使用。Python 官网上给出了第三方模块索引功能（the Python Package Index，PyPI）。

5.6.1　内建模块 builtins

Python 解释器中直接包含了 builtins 模块中定义的函数，这些函数被称为内置函数。表 5-2 罗列出了一些常用的内置函数及其功能。如果想了解这些内置函数的相关细节，读者可以查询书中的对应章节。

表 5-2　常见内置函数汇总（按函数名称排序）

函数名	函数功能	对应章节
abs()	求参数的绝对值	2.5.1
all()	判断可迭代参数中的所有对象的逻辑值是否都为 True	6.7.1
any()	判断可迭代参数中是否存在任意一个对象的逻辑值为 True	6.7.2
bin()	将十进制数转换成二进制数	2.2.3
bool()	将参数转换成逻辑型数据，若参数被省略，则返回 False	2.2.2
chr()	返回 Unicode 码为参数的字符	2.2.4
complex()	将参数转换成一个复数对象	2.2.2
delattr()	删除对象的属性	8.1.3
dict()	创建一个空的字典类型的数据	6.2.1
dir()	尝试返回参数对象的所有有效属性，如果没有实际参数，则返回当前本地作用域的名称列表	5.5.1

< 91 >

函数名	函数功能	对应章节
divmod()	将两个（非复数）数字作为实际参数，并在执行整数除法时返回一对商和余数	2.5.2
enumerate()	返回一个可枚举的对象	6.7.3
eval()	将参数作为一个 Python 表达式，进行解析并求值	2.4.8
filter()	将参数对象中不满足条件的元素移除后，构成新对象	6.7.4
float()	将参数转换为浮点数，如果没有参数，则返回 0.0	2.2.2
format()	将参数对象转换为格式化字符串	2.6.3
frozenset()	创建一个元素不可修改的集合对象	6.3.1
getattr()	获取对象指定的属性值	8.1.3
globals()	返回当前函数调用位置上，全局作用域中的标识符及其对应的内容	5.3.2
hasattr()	判断对象是否具备指定的属性	8.1.3
help()	生成关于参数对象的帮助文档，如果调用时没有实际参数，启动交互式帮助系统	1.6
hex()	返回参数的十六进制形式	2.2.3
id()	返回参数对象的“标识值”	2.3.3
input()	获取用户从键盘上输入的字符串	2.6.1
int()	将参数对象转换成整数，在未给出参数时返回 0	2.2.2
isinstance()	检查对象是否是类的实例	8.1.1
issubclass()	检查一个类是否是另一个类的子类	8.2.1
len()	返回对象中的元素数量	6.7.5
list()	构造列表数据	6.1.2
locals()	返回当前函数调用位置上，局部作用域中的标识符及其对应的内容	5.3.1
map()	将参数中的所有对象用指定的函数遍历	6.7.6
max()	返回给定元素中的最大值	6.7.7
min()	返回给定元素中的最小值	6.7.8
oct()	返回参数的八进制形式	2.2.3
open()	打开文件	7.3.1
ord()	返回参数对应的 Unicode 码	2.2.4
pow()	幂运算	2.5.3
print()	在指定的位置中输出参数对象，IDLE 中的默认位置就是 Shell 环境	1.5
range()	根据参数生成一个指定的范围对象	4.3.2
reversed()	对对象中的元素进行逆序迭代	6.1.7
round()	按照“四舍六入五成双”的方式对参数进行记数保留	2.5.4
set()	创建一个集合类型的对象	6.3.1
setattr()	设置对象的属性值	8.1.3
sorted()	对参数进行排序	6.7.9
str()	将参数转换成字符串类型的数据	2.2.2

< 92 >

函数名	函数功能	对应章节
sum()	求和函数	6.7.10
super()	调用父类的方法	8.2.2
tuple()	创建元组类型的对象	6.1.1
type()	返回参数对象所属的类型	2.2.1
zip()	将两个可迭代对象中的数据逐一配对	6.2.1

5.6.2 数学模块 math

math 模块中定义了大部分在编写程序时可能会用到的数学函数，请注意这些函数不适用于复数对象；如果需要在程序中处理复数对象，我们可以使用 cmath 模块中的同名函数。本书无法对 math 模块中的所有函数进行逐一讲解，只将其中一些常用数学函数的功能在交互方式中进行演示，读者可以结合 Python 的官方文档对 math 模块进行更加深入的学习。

```
>>> import math                    # 导入 math 模块
>>> math.pi                        # math 模块中包含圆周率 pi 的定义
3.141592653589793
>>> math.e                         # math 模块中包含自然对数 e 的定义
2.718281828459045
>>> math.inf                       # math 模块中包含正无穷的定义，负无穷为-math.inf
inf
>>> math.nan                       # math 模块中定义了"非数字"对象（not a number, nan）
nan
>>> math.fabs(-100)                # math.fabs()用于求参数的绝对值
100.0
>>> math.fmod(12, 5)               # math.fmod()用于对参数进行整除求余数
2.0
>>> math.fsum([1, 2, 3, 4])        # math.fsum()用于计算数列的和
10.0
>>> math.prod([1, 2, 3, 4])        # math.prod()用于计算数列的积
24
>>> math.ceil(3.2)                 # math.ceil()用于对参数进行向上取整
4
>>> math.floor(-3.5)               # math.floor()用于对参数进行向下取整
-4
>>> math.trunc(-3.5)               # math.trunc()用于对参数进行向 0 取整
-3
>>> math.factorial(5)              # math.factorial()用于求参数的阶乘
120
>>> math.gcd(14,35)                # math.gcd()用于求两个参数的最大公约数
7
>>> 0.6/3                          # 浮点数对象在计算机内会出现无法精确表示的情况
0.19999999999999998
>>> math.isclose(0.6/3,0.2)        # math.isclose()可以判断两个浮点数是否相近
True
>>> math.isinf(math.inf)           # math.isinf()用于判断参数是否为无穷大
True
>>> math.isnan(math.nan)           # math.isnan()用于判断参数是否为 math.nan 对象
```

< 93 >

```
True
>>> math.pow(5,2)                       # math.pow()用于进行幂运算
25.0
>>> math.exp(3)                         # math.exp()用于求自然对数 e 的幂
20.085536923187668
>>> math.sqrt(25)                       # math.sqrt()用于求参数的算术平方根
5.0
>>> math.log2(16)                       # math.log2()用于求以 2 为底的对数值
4.0
>>> math.log10(1000)                    # math.log10()用于求以 10 为底的对数值
3.0
>>> math.degrees(math.pi)               # math.degrees()用于将弧度值转成角度值
180.0
>>> math.radians(180)                   # math.radians()用于将角度值转成弧度值
3.141592653589793
>>> math.sin(math.pi/6)                 # math.sin()用于求以弧度为单位的参数的正弦值
0.49999999999999994
>>> math.cos(math.pi/2)                 # math.cos()用于求以弧度为单位的参数的余弦值
6.123233995736766e-17
>>> math.tan(math.pi)                   # math.tan()用于求以弧度为单位的参数的正切值
-1.2246467991473532e-16
>>> math.asin(1)                        # math.asin()用于求反正弦函数值，返回值的单位是弧度
1.5707963267948966
>>> math.acos(1)                        # math.acos()用于求反余弦函数值，返回值的单位是弧度
0.0
>>> math.atan(0)                        # math.atan()用于求反正切函数值，返回值的单位是弧度
0.0
```

5.6.3 随机模块 random

　　random 模块中定义了在编写程序时可能会用到的随机函数。本书无法对 random 模块中的所有函数进行逐一讲解，只将其中一些常用随机函数的功能在交互方式中进行演示，读者可以结合 Python 的官方文档对 random 模块进行更加深入的学习。

```
>>> import random                       # 导入 random 模块
>>> random.random()                     # random()用于生成一个在区间[0,1)内的随机数
0.18025507454244516
>>> random.randint(10,20)               # randint()用于生成一个在指定区间内的随机整数
19
>>> random.randrange(20,40,5)           # randrange()用于在指定的范围内选取一个随机整数
35
>>> random.uniform(5,10)                # uniform()用于在指定的区间内生成随机数
8.650624136997827
>>> random.choice(range(30,40))         # choice()用于在参数对象中选出一个随机元素
30
>>> a = [1,2,3,4,5]                      # 定义变量a，并关联至数列[1,2,3,4,5]
>>> random.shuffle(a)                   # shuffle()用于对数列进行乱序处理
>>> a
[2, 5, 3, 1, 4]
>>> random.sample([1,2,3,4,5],3)        # sample()用于在数列中选取指定数量的随机元素
[2, 3, 1]
```

< 94 >

5.7 本章小结

本章介绍了 Python 中进行函数化编程的相关知识。函数是指可重复使用的语句块，这个语句块通常用于实现特定的功能。在程序中可以通过函数调用提高程序代码的复用性，从而提高编程效率及程序的可读性。

为了更好地使用函数，程序员可以编程实现在函数调用时向函数内部传递参数。本章介绍了各种形式的参数传递方法，读者在学习函数参数的过程中，还应该特别注意变量的作用域。根据作用域不同，变量可以分为全局变量和局部变量。

Python 可以利用模块实现代码重用。所谓模块，就是一个包含了一系列函数的 Python 程序文件。同时，将一系列的模块文件放在同一个文件夹中构成包。包是对模块进行层次化管理的有效工具，极大提高了代码的可维护性和重用性。

程序员可以创建自己定义的函数、模块和包，也可以直接使用 Python 提供的标准模块。Python 自带的模块也被称为标准模块，之前介绍过的 Turtle 模块便是众多标准模块中的一个，另外还有包含数学函数的 math 模块和包含随机函数的 random 模块。更重要的是，除了 Python 的标准模块，全世界还有非常多的程序员编写了实现各种功能的第三方模块。使用这些第三方模块时，只需将它们安装并导入自己的程序中即可。这种基于大量第三方模块的编程方式，正是 Python 语言的魅力所在。

5.8 课后习题

一、单选题

1. 在 Python 程序中导入模块或模块中的对象，所使用的关键字是（　　）。

    A. import   B. from   C. into   D. include

2. 如函数定义的头部为 def greet(username):，则以下语句中，（　　）是对该函数的错误调用。

    A. greet("Jucy")   B. greet('Jucy')

    C. greet( )   D. greet(username='Jucy')

3. 以下程序的运行结果是（　　）。

```
a = 1
def fun(a):
    a = 2 + a
    print(a)
fun(a)
print(a)
```

    A. 3   B. 4   C. 3   D. 程序编译出错

      1   1   2

4. 以下选项中，（　　）不是标准内置函数。

    A. dir()   B. sin()   C. print()   D. range()

5. 以下程序的运行结果是（　　）。

```
x = 0
def fun(y):
    y = 1
```

< 95 >

```
fun(x)
print(x)
```

    A. 3   B. 2   C. 1   D. 0

    6. 以下程序的运行结果是（   ）。

```
x = 1
def fun():
    global x
    x = 2
fun()
print(x)
```

    A. 0   B. 1   C. 2   D. 3

    7. 假设定义如下函数，则以下语句中，（   ）的函数调用形式会产生错误。

```
def defP(a1,a2 = 2,a3 = 3):
    print(a1,a2,a3)
```

    A. defP(a2 = 10,a3 = 10)   B. defP(10,a3 = 10)

    C. defP(a3 = 10,a1 = 10)   D. defP(10)

    8. 以下程序的运行结果是（   ）。

```
x = 10
y = 20
def swap(x, y):
    t = x
    x = y
    y = t
    print(x, y)
swap(x,y)
print(x,y)
```

    A. 10 20   B. 20 10   C. 10 20   D. 20 10

        10 20   10 20   20 10   20 10

    9. 以下程序的运行结果是（   ）。

```
def foot():
    m = 10
    def bar():
        n = 20
        return m + n
    m = bar()
    print(m)
foot()
```

    A. 程序出错   B. 30   C. 20   D. 10

    10. 以下程序的运行结果是（   ）。

```
def f1(a,b,*c):
    s = 0
    for i in c:
        s += i
    return s
print(f1(1,2,3,4,5))
```

    A. 15   B. 14   C. 12   D. 9

二、填空题

    1. 引入 foo 模块中的 fun()函数的 Python 语句是_____。

< 96 >

2. 只有文件夹中包含特殊文件＿＿＿＿＿＿时，才构成 Python 的包。

3. 如有赋值语句 g = lambda x:2*x+1，则语句 g(5)的运行结果是＿＿＿＿＿＿。

4. 函数体中通过关键字＿＿＿＿＿＿来声明全局变量。

5. 如果函数体中没有 return 语句或者 return 语句后没有任何返回值，那么调用该函数的返回值为

＿＿＿＿＿＿。

6. 以下程序的运行结果是＿＿＿＿＿＿。

```
def sum(i1, i2):
    result = 0
    for i in range(i1, i2 + 1):
        result += i
    return result
print(sum(1, 10))
```

7. 以下程序的运行结果是＿＿＿＿＿＿。

```
def fib(n):
    f1, f2 = 0, 1
    while f2 < n:
        f1, f2 = f2, f1 + f2
    return f2
print(fib(6))
```

8. 以下程序的运行结果是＿＿＿＿＿＿。

```
def gcd(m,n):
    r = m%n
    if r == 0:
        return n
    else:
        r = m%n
    return gcd(n,r)
print(gcd(4, 18))
```

9. random 模块中，＿＿＿＿＿＿函数用于生成一个在指定区间内的随机整数。

10. 以下程序的运行结果是＿＿＿＿＿＿。

```
def func(a,b):
    return a*b
s = func('hello',2)
print(s)
```

三、编程题

1. 编写程序，完成以下要求效果：小球从 100m 的高度自由落下，每次落地后反弹回原高度的一半后再落下，定义函数 cal(n)计算小球在第 n 次落下时，共经过多少米以及第 n 次反弹多高。（结果保留 4 位小数）

输入样例：

```
10
```

输出样例：

```
Total of road is 299.6094 meter
The height is 0.0977 meter
```

2. 编写程序，完成以下要求效果：使用函数递归方法求算式 1+1/2+1/3+…+1/n 的计算结果。（结果保留 2 位小数）

< 97 >

输入样例：

2

输出样例：

1.50

3. 编写程序，完成以下要求效果：以每行 5 个的形式输出 100 以内的所有素数。

输出样例：

```
 2   3   5   7  11
13  17  19  23  29
31  37  41  43  47
53  59  61  67  71
73  79  83  89  97
```

4. 编写程序，完成以下要求效果：从键盘上输入一个有效的日期，计算该日期是当年中的第几天。其中要求编写函数 getDays(year,month)实现返回指定年月的天数，并调用该函数完成上述要求。

输入样例：

2018,9,11

输出样例：

254

< 98 >

组合数据类型

学习目标

- 掌握元组和列表等序列类型对象的操作方法。
- 掌握字符串类型对象的常见操作方法。
- 掌握字典类型对象的操作方法。
- 掌握集合类型对象的操作方法。

为了在计算机程序中表示现实世界中更加复杂的数据，Python 除了支持数字和逻辑值等基本类型的数据以外，还支持使用元组（tuple）、列表（list）、字典（dictionary）和集合（set）等组合数据类型。本章将介绍如何使用这些类型的对象来表示实际需求中的数据，并对这些组合数据类型的对象进行常见的操作处理。

6.1 序列

Python 中最常见的序列类型包括元组、列表和字符串。序列指的是该类型的对象中包含的每一个元素都是依次存放，并可以通过序号访问序列中对应位置的元素。元组和列表之间的主要区别是元组不能像列表那样在赋值后改变元素的内容，即元组是不可变对象，列表是可变对象。

序列

6.1.1 创建元组对象

空元组由不包含任何内容的一个圆括号表示。例如：

```
>>>( )
( )
```

需要特别注意的是，要编写包含单个元素对象的元组，元素对象后面必须加一个逗号。例如：

```
>>> (12,)
(12,)
```

这样做是因为若括号中只有一个元素对象而没有逗号，则不表示元组。例如，在交互模式中输入(12)，观察结果可知(12)与 12 是完全等价的。

```
>>>(12)
12
```

如果希望创建一个包含多个元素对象的元组，此时可以使用圆括号将元素逐个包含起来，程序如例6_1所示。

```
# 例 6_1 创建元组对象
tup1 = (1, 2, 3, 4, 5, 6)
print(f"{tup1 =}")
tup2 = ('a', 'b', 'c', 'd', 'e')
print(f"{tup2 = }")
tup3 = ('name', 'number', 2008, 2017)     # 该元组中包含了字符串类型和整数类型的对象
print(f"{tup3 = }")
```

上述程序的运行结果如下：

```
tup1 = (1, 2, 3, 4, 5, 6)
tup2 = ('a', 'b', 'c', 'd', 'e')
tup3 = ('name', 'number', 2008, 2017)
```

观察程序运行结果可知，元组中的元素对象可以是不同类型的对象。

使用内置函数 tuple() 也可以创建元组对象，其语法格式为：

tuple([iterable])

其中，如果调用该函数时没有指定参数，则返回一个空元组；若调用该函数时指定参数，那么该参数应该是一个可迭代对象，函数将使用迭代后得到的结果作为元素创建元组。程序如例 6_2 所示。

```
# 例 6_2 使用 tuple() 函数创建元组对象
tup1 = tuple("Hello")                    # 将字符串中的每一个字符作为元素创建元组
print(f"{tup1 = }")
tup2 = tuple(range(10))                  # 将 range() 函数的返回值作为元素创建元组
print(f"{tup2 = }")
```

上述程序的运行结果如下：

```
tup1 = ('H', 'e', 'l', 'l', 'o')
tup2 = (0, 1, 2, 3, 4, 5, 6, 7, 8, 9)
```

6.1.2　创建列表对象

需要创建列表对象时，使用方括号 [ ] 将用逗号分隔的元素包含起来即可；如果方括号内不包含任何内容，则创建了一个空列表。程序如例 6_3 所示。

```
# 例 6_3 创建列表对象
list1 = [1,2,3,4,5]                      # 创建一个包含 5 个元素的列表
print(f"{list1 = }")
list2 = []                               # 创建一个不包含任何元素的空列表
print(f"{list2 = }")
list3 = [1,2,3,'a','b','c']
print(f"{list3 = }")
```

上述程序的运行结果如下：

```
list1 = [1, 2, 3, 4, 5]
list2 = []
list3 = [1, 2, 3, 'a', 'b', 'c']
```

观察程序的运行结果可知，列表中的元素也可以是不同的数据类型。

使用内置函数 list() 也可以创建列表对象，其语法格式为：

list([iterable])

其中，如果调用该函数时没有指定参数，则返回一个空列表；若调用该函数时指定参数，那么该参数应该是一个可迭代对象，函数将使用迭代后得到的结果作为元素创建列表对象。程序如例 6_4 所示。

< 100 >

```
# 例 6_4 使用 list() 函数创建列表对象
list1 = list("Hello")            # 将字符串中的每一个字符作为元素创建列表对象
print(f"{list1 = }")
list2 = list(range(10))          # 将 range() 函数的返回值作为元素创建列表对象
print(f"{list2 = }")
```

上述程序的运行结果如下：

```
list1 = ['H', 'e', 'l', 'l', 'o']
list2 = [0, 1, 2, 3, 4, 5, 6, 7, 8, 9]
```

6.1.3 操作序列中的元素

在 Python 中可以使用元素的序号（也被称为元素的索引值）访问序列中的元素。要特别注意，序列中的第一个元素的序号为 0，同时，当序号<0 时，表示从序列的尾部开始进行计数。程序如例 6_5 所示。

```
# 例 6_5 访问序列对象中的元素
tup = (1,2,3,4,5)
print(f"{tup[0] = }")            # 访问元组中序号为 0 的元素
print(f"{tup[4] = }")            # 访问元组中序号为 4 的元素
print(f"{tup[-1] = }")           # 从元组的尾部，访问倒数第一个元素
lst = list("Hello")
print(f"{lst[1] = }")            # 访问列表中序号为 1 的元素
s = "Hello"
print(f"{s[-1] = }")             # 访问字符串中序号为-1 的字符，即最后一个字符
```

上述程序的运行结果如下：

```
tup[0] = 1
tup[4] = 5
tup[-1] = 5
lst[1] = 'e'
s[-1] = 'o'
```

由于元组和字符串是不可变对象类型，因此在程序中修改元组或者字符串对象中的元素会产生错误。与元组和字符串不同，列表是可变对象类型，所以在修改列表对象的元素时并不会引发上述错误。例如在交互模式中输入以下语句，其运行结果如下。

```
>>> tup = (1,2,3,4,5)
>>> tup[1] = 200                 # 修改元组对象的元素会引发程序错误
Traceback (most recent call last):
  File "<pyshell#1>", line 1, in <module>
    tup[1] = 200
TypeError: 'tuple' object does not support item assignment
>>> s = "Hello"
>>> s[1] = 'a'                   # 修改字符串对象的元素也会引发程序错误
Traceback (most recent call last):
  File "<pyshell#3>", line 1, in <module>
    s[1] = 'a'
TypeError: 'str' object does not support item assignment
>>> lst = list(range(10))
>>> lst[2] = 200                 # 修改列表对象中的元素并不会引发程序错误
>>> lst
[0, 1, 200, 3, 4, 5, 6, 7, 8, 9]
```

同时，由于元组和列表对象中的元素可以是任意类型的对象，这就意味着可以在一个元组或列表

< 101 >

对象中包含其他元组或列表对象，这种操作被称为序列的嵌套。程序如例 6_6 所示。

```
# 例 6_6 序列对象的嵌套
tup = ((1,2),(3,4))              # 序列对象的元素是另一个序列对象，嵌套使用
print(f"{tup[0] = }")           # 使用一级序号，访问序列对象中第一层的元素
print(f"{tup[1] = }")
print(f"{tup[0][1] = }")        # 使用多级序号，访问序列对象中更深层次的元素
print(f"{tup[1][2] = }")        # 访问深层元素时，若序号对应的元素不存在，会引发程序错误
```

上述程序的运行结果如下：

```
tup[0] = (1, 2)
tup[1] = (3, 4)
tup[0][1] = 2
Traceback (most recent call last):
  File "全书范例代码/例6_6.py", line 6, in <module>
    print(f"{tup[1][2] = }")
IndexError: tuple index out of range
```

观察程序的运行结果可知，当使用序号访问序列中的元素时，如果序号对应的元素不存在，则会引发程序产生错误。

访问序列对象中的多个元素可以使用切片运算，具体方法是使用一个表示开始的序号值和一个表示结束的序号值，截取序列对象中的一段元素。要特别注意，元素序号为结束值的对象不被包含在切片运算的结果中。程序如例 6_7 所示。

```
# 例 6_7 使用切片访问序列中的多个数据
tup = (1,2,3,4,5)
print(f"{tup[1:4] = }")         # 使用切片运算截取序列中的一段元素
print(f"{tup[:3] = }")          # 省略切片的起始值表示从序号为 0 的元素开始截取
print(f"{tup[1:] = }")          # 省略切片的结束值表示截取到序列结束
```

上述程序的运行结果如下：

```
tup[1:4] = (2, 3, 4)
tup[:3] = (1, 2, 3)
tup[1:] = (2, 3, 4, 5)
```

观察程序的运行结果可知，使用切片运算截取序列中多个元素时，省略切片的起始值表示从序号为 0 的元素开始截取元素，省略切片的结束值表示截取元素直到序列结束。

由于列表是可变数据对象，因此通过对切片赋值可以对列表中多个元素进行修改，其程序如例 6_8 所示。

```
# 例 6_8 使用切片修改序列中的多个数据
s = ['a','b','e','f']
print(f"修改前: {s = }")
s[2:] = ['c','d']               # 对列表对象中自序号为 2 开始的元素赋值，修改列表元素
print(f"修改元素后: {s = }")
s[2:2] = ['c','d']              # 在列表对象中序号为 2 的元素之前插入新元素
print(f"添加元素后: {s = }")
s[2:] = []                      # 删除列表对象中序号从 2 开始的所有元素
print(f"删除元素后: {s = }")
```

上述程序的运行结果如下：

```
修改前: s = ['a', 'b', 'e', 'f']
```

< 102 >

修改元素后: s = ['a', 'b', 'c', 'd']
添加元素后: s = ['a', 'b', 'c', 'd', 'c', 'd']
删除元素后: s = ['a', 'b']

观察程序的运行结果可知,如果在列表对象切片运算中使切片的起始序号和结束序号相同,则可以在列表中插入新的元素,同时,通过将空列表赋值给切片还可以删除列表中的元素。

6.1.4 序列的关系运算

Python 中的序列可以支持关系运算,两个序列对象进行比较的方法是将其中的元素从左至右依次进行比较。要特别注意,对于不同类型的序列对象,就算元素相同也不满足相等的条件。程序如例 6_9 所示。

```
# 例 6_9 序列对象的关系运算
print(f"{(1,2,3) == [1,2,3] = }")      # 不同类型的序列对象,就算元素相同也不满足相等的条件
print(f"{(1,2,3) == (1,2,3) = }")      # 按照从左至右依次比较序列中的元素,若无差异则相等
print(f"{(1,2,3) == (3,2,1) = }")      # 若对应位置的元素不相等,则两个对象也不相等
print(f"{(1,2) == (1,2,3) = }")        # 元素数量不相等的序列对象也不满足相等的条件
print(f"{(1,2,4) > (1,2,3,4) = }")     # 从左至右遇到的第一个不同元素,决定了两者的大小关系
print(f"{(1,2,3) < (1,2,3,4) = }")     # 对应位置的元素比较完后,还有剩余元素的对象为大
```

上述程序的运行结果如下:

```
(1,2,3) == [1,2,3] = False
(1,2,3) == (1,2,3) = True
(1,2,3) == (3,2,1) = False
(1,2) == (1,2,3) = False
(1,2,4) > (1,2,3,4) = True
(1,2,3) < (1,2,3,4) = True
```

同样,也可以使用 in 运算符来完成有关序列对象包含关系的判定。要特别注意,对于元组和列表对象,in 运算符左边的对象是被当作单一元素进行判断的,这种判定方法与字符串的判定方法稍有不同。程序如例 6_10 所示。

```
# 例 6_10 序列对象的元素判定运算
print(f"{3 in (1,2,3) = }")              # 判断序列对象中是否包含指定的元素
print(f"{(1,2) in (1,2,3) = }")          # in 运算符左边的对象被当作单一的元素进行判定
print(f"{(1,2) in ((1,2),3) = }")        # 元组((1,2),3)的第一个元素是(1,2)
print(f"{'Hello' in 'Hello world!' = }") # 判断in运算符左侧的字符串是否被右侧的字符串包含
```

上述程序的运行结果如下:

```
3 in (1,2,3) = True
(1,2) in (1,2,3) = False
(1,2) in ((1,2),3) = True
'Hello' in 'Hello world!' = True
```

使用 is 运算符可以判定两个变量是否表示的是同一个序列对象,其程序如例 6_11 所示。

```
# 例 6_11 使用is运算符对序列进行判定
lst1 = [1,2,3,4,5]
lst2 = lst1                    # 直接赋值,会将同一个对象关联到不同的变量名
print(f"{lst1 is lst2 = }")
lst3 = lst1[:]                 # 使用切片运算可以将原列表对象复制一份
print(f"{lst3 = }")
print(f"{lst1 is lst3 = }")    # 虽然两者内容相同,但是在内存中是完全不同的两个对象
```

< 103 >

上述程序的运行结果如下：

```
lst1 is lst2 = True
lst3 = [1, 2, 3, 4, 5]
lst1 is lst3 = False
```

观察程序的运行结果可知，赋值语句只是将对象关联到新变量，即两个变量指的是内存中的同一个对象。但是，通过切片运算复制序列对象得到的对象副本与在内存中的原对象却是相互独立的。

6.1.5　序列的连接和重复

与字符串一样，通过使用算术运算符+和*可以将多个序列对象组合，从而构成新的序列对象。其程序如例 6_12 所示。

```
# 例 6_12 序列对象的连接运算
tup1 = (1,2,3,4,5)
tup2 = ('a','b','c','d','e')
tup3 = tup1 + tup2          # 使用元组 tup1 和 tup2 的元素创建第 3 个元组 tup3
print(f"{tup3 = }")
tup4 = tup1 * 2             # 将元组 tup1 的元素进行重复，创建新的元组
print(f"{tup4 = }")
```

上述程序的运行结果如下：

```
tup3 = (1, 2, 3, 4, 5, 'a', 'b', 'c', 'd', 'e')
tup4 = (1, 2, 3, 4, 5, 1, 2, 3, 4, 5)
```

观察程序的运行结果可知，加法运算符可将若干个序列对象中的元素按照先后次序依次合并到一个新对象中，而乘法运算符则将该序列对象中包含的元素复制多次后合并到一个新对象中。

6.1.6　对序列使用 del 语句

元组对象中的元素是不允许修改的，所以不可以使用 del 删除元组对象中的元素，但可以使用 del 语句将整个元组对象从内存中删除。在交互模式中使用 del 语句的例子如下：

```
>>> tup = (1,2,3,4,5)
>>> del tup[0]                     # 删除元组对象中的元素会引发程序错误
Traceback (most recent call last):
  File "<pyshell#2>", line 1, in <module>
    del tup[0]
TypeError: 'tuple' object doesn't support item deletion
>>> del tup                        # 从内存中删除整个元组对象
>>> tup
Traceback (most recent call last):
  File "<pyshell#4>", line 1, in <module>
    tup
NameError: name 'tup' is not defined
```

上述最后一条语句中，对 tup 变量的访问之所以会出错，就是因为该变量已经被 del 语句从内存中删除了。

由于字符串和元组同样都是不可变对象，因此我们也无法删除字符串中的字符。但是列表是可变数据对象，我们可以使用 del 语句删除列表中的元素。程序如例 6_13 所示。

```
# 例 6_13 删除序列对象中的元素
lst = [1,2,3,'a','b','c']
```

< 104 >

```
print(f"删除元素前: {lst = }")
del lst[5]                          # 使用 del 语句删除列表中序号为 5 的元素
print(f"删除元素后: {lst = }")
```

上述程序的运行结果如下:

```
删除元素前: lst = [1, 2, 3, 'a', 'b', 'c']
删除元素后: lst = [1, 2, 3, 'a', 'b']
```

6.1.7 反向迭代和内置函数 reversed()

由之前的章节可知,序列对象包含的元素都是依次存放在序列中的,通过使用关键字 for 构造迭代循环即可实现对序列中的元素进行遍历。例 6_14 所示程序完成了对字符串"Hello"的字符遍历。

```
# 例 6_14 遍历序列对象中的元素
s = "Hello"
for char in s:
    print(char)
```

程序的运行结果如下:

```
H
e
l
l
o
```

观察程序的运行结果可知,Python 默认的迭代顺序是从序列中的首个元素开始,依次向后访问其中的元素。若程序中需要构建一个反向迭代的循环,即从序列中的最后一个元素,依次向前访问其中的元素,此时可以使用内置函数 reversed(),其语法格式为:

reversed(seq)

该函数的参数为一个序列对象,返回值是依据参数 seq 构建的可迭代对象,其中元素的迭代顺序与参数 seq 的元素迭代顺序正好相反。例 6_15 所示程序完成了对字符串"Hello"的反向字符遍历。

```
# 例 6_15 反向遍历序列对象中的元素
s = "Hello"
for char in reversed(s):
```

程序的运行结果如下:

```
o
l
l
e
H
```

6.1.8 序列的方法

Python 中的序列拥有一系列有用的方法供程序员调用。其中,由于字符串和列表各自具有不同的特点,因此它们包含更多具有针对性的方法,接下来我们逐一介绍。

(1)序列对象通用的方法。这些方法是字符串、元组和列表对象都拥有的方法,具体程序如例 6_16 所示。

```
# 例 6_16 序列对象的通用方法
```

< 105 >

```
tup = (1,2,3) * 5                        # 将元组(1,2,3)复制5次再连接到一起构成新元组
print(f"{tup = }")
print(f"{tup.count(1) = }")              # 在序列对象中对指定的元素进行计数
print(f"{tup.index(3) = }")              # 在序列对象中查找指定的元素，并返回其序号
print(f"{tup.index(4) = }")              # 如果序列对象中不包含检索对象，则程序报错
```

程序的运行结果如下：

```
tup = (1, 2, 3, 1, 2, 3, 1, 2, 3, 1, 2, 3, 1, 2, 3)
tup.count(1) = 5
tup.index(3) = 2
Traceback (most recent call last):
  File "全书范例代码/例6_16.py", line 6, in <module>
    print(f"{tup.index(4) = }")
ValueError: tuple.index(x): x not in tuple
```

观察程序的运行结果可知，使用 index()函数在序列对象中查找指定元素的时候，如果序列中不包含该对象，则会引发程序错误。

（2）字符串对象特有的方法。这些方法是只有字符串对象才可以使用的方法，具体程序如例 6_17 所示。

```
# 例 6_17 字符串对象的特有方法
print("abcd1234".isalpha())              # 判断字符串中是否只包含字母
# False
print("abcdefg".islower())               # 判断字符串中是否只包含小写字母
# True
print("ABCDeFG".isupper())               # 判断字符串中是否只包含大写字母
# False
print("Hello Python".istitle())          # 判断字符串中的每个单词是否都是首字母大写
# True
print("12345".isdigit())                 # 判断字符串中是否只包含 0~9 的数字字符
# True
print("一百零一".isnumeric())             # 判断字符串中是否只包含表示数字的字符
# True
print("123ABC 一千零一".isalnum())         # 判断字符串中是否只包含字母和表示数字的字符
# True
print("1+1".isidentifier())              # 判断字符串是否是一个有效的标识符
# False
print("hello world".capitalize())        # 返回将原字符串经过首字母大写后得到的新字符串
# 'Hello world'
print("Hello World".lower())             # 返回将原字符串经过全部转为小写字符后得到的新字符串
# 'hello world'
print("hello world".upper())             # 返回将原字符串经过全部转为大写字符后得到的新字符串
# 'HELLO WORLD'
print("hello world".title())             # 返回将原字符串经过各单词首字母大写后得到的新字符串
# 'Hello World'
print("Hello Python".swapcase())         # 返回将原字符串经过转换字母大小写状态后得到的新字符串
# 'hELLO pYTHON'
print("Hello".center(30))                # 返回将原字符串放在中间位置的指定长度的新字符串
# '            Hello             '
print("Hello".ljust(30))                 # 返回将原字符串放在靠左位置的指定长度的新字符串
# 'Hello                         '
print("Hello".rjust(30))                 # 返回将原字符串放在靠右位置的指定长度的新字符串
# '                         Hello'
```

< 106 >

```
print('***Hello***'.strip('*'))        # 返回移除原字符串起始和结尾处指定字符后的新字符串
# 'Hello'
print('***Hello***'.lstrip('*'))       # 返回移除原字符串起始处指定字符后的新字符串
# 'Hello***'
print('***Hello***'.rstrip('*'))       # 返回移除原字符串结尾处指定字符后的新字符串
# '***Hello'
print("Hello Py".startswith("Hello"))  # 判断字符串是否以指定的参数起始
# True
print("Hi Python".endswith("Python"))  # 判断字符串是否以指定的参数结尾
# True
print("Hello Python".find("Python"))   # 在原字符串中查找指定的字符串，并返回其所在位置的序号
# 6
print("Hello Python".find("python"))   # 若无法在原字符串中找到指定的字符串，则返回-1
# -1
print("Hello Hello".rfind("Hello"))    # 自后向前查找指定的字符串，并返回其所在位置的序号
# 6
print("Hello Hello".rindex("He"))      # 自后向前查找指定的字符串，如果找不到，则程序报错
# 6
print("1 + 2 is {}".format(1+2))       # 返回将原字符串进行格式化操作后得到新字符串
# '1 + 2 is 3'
print('***Hello***'.replace('*','&'))  # 返回将原字符串进行字符串替换后得到的新字符串
# '&&&Hello&&&'
print("Hello,Python".split(','))       # 使用指定的参数对原字符串进行切割，以列表返回切割结果
# ['Hello', 'Python']
print("Hi,Hi,Hi,Hi,Hi".rsplit(',',2))  # 自后向前对原字符串进行切割，第 2 个参数表示切割次数
# ['Hi,Hi,Hi', 'Hi', 'Hi']
print("第一行\n第二行\n第三行".splitlines()) # 按行对原字符串进行切合，以列表返回切割结果
# ['第一行', '第二行', '第三行']
print(",".join(['姓名','性别','年龄']))   # 使用字符串将参数中的多个字符串进行拼接得到新字符串
# '姓名,性别,年龄'
```

　　上述程序中，为了方便读者阅读和分析语句功能，每条语句下方的注释中提示了该语句的运行结果。
　　（3）列表对象特有的方法。由于列表是可变数据类型，因此下列方法是只有列表对象才可以使用的，具体程序如例 6_18 所示。

```
# 例 6_18 列表对象的特有方法
lst = [1,2,3,4,5]
lst.append(7)                    # 在原列表的末尾追加新元素
print(lst)
# [1, 2, 3, 4, 5, 7]
lst.insert(5,6)                  # 在原列表的指定序号的位置上插入新元素
print(lst)
# [1, 2, 3, 4, 5, 6, 7]
lst.remove(7)                    # 在原列表中删除指定的元素
print(lst)
# [1, 2, 3, 4, 5, 6]
item = lst.pop()                 # 从原列表的末尾将元素拿出来，返回给调用语句
print(item)
# 6
print(lst)
# [1, 2, 3, 4, 5]
item = lst.pop(0)                # 从列表中指定的位置将元素拿出来，返回给调用语句
print(item)
# 1
```

< 107 >

```
print(lst)
# [2, 3, 4, 5]
lst_a = lst.copy()                      # 将原列表复制一份，并将复制后的新列表返回给调用语句
print(lst_a)
# [2, 3, 4, 5]
lst_a.extend([8,7,6])                   # 在复制得到的新列表末尾连接另一个列表中的元素
print(lst_a)
# [2, 3, 4, 5, 8, 7, 6]
print(lst)                              # 对复制得到的新列表的操作，并不会影响原列表中的内容
# [2, 3, 4, 5]
lst_a.sort()                            # 对列表中的元素进行排序，默认以从小到大的顺序排序
print(lst_a)
# [2, 3, 4, 5, 6, 7, 8]
lst_a.reverse()                         # 对列表中的元素进行翻转，这种操作也被称为逆置
print(lst_a)
# [8, 7, 6, 5, 4, 3, 2]
lst_a.clear()                           # 清空列表中的元素，但是并未将列表对象删除
print(lst_a)                            # 清空后的列表是一个空列表
# []
```

上述程序中，为了方便读者阅读和分析语句功能，每条输出语句下方的注释中提示了该语句的运行结果。

6.2 字典

Python 中的字典也是一种组合数据类型。与序列不同，字典对象中的元素并非按序存放，所以无法使用序号来访问。取而代之的是使用**关键字（key）**来访问字典元素的**元素值（value）**，即字典对象中的每一个元素都是关键字（简称 "键"）和元素值（简称 "值"）的组合（简称 "键值对"）。这种键与值的一一对应关系被称为**映射（mapping）**。字典是 Python 中唯一内置的映射类型。

字典

6.2.1 创建字典对象

字典的每一个元素由一组键值对构成，键和值之间通过冒号分隔，元素之间使用逗号分隔，将所有元素使用大括号包含起来就可以创建字典对象，一个不包含任何对象的大括号表示空字典，其程序如例 6_19 所示。

```
# 例 6_19 创建字典对象
dct1 = {'a':1,'b':2,'C':3,'d':4,'e':5}
print(f"{dct1 = }")
dct2 = {}                               # 使用一个不包含任何内容的大括号表示空字典
print(f"{dct2 = }")
```

上述程序的运行结果如下：

```
dct1 = {'a': 1, 'b': 2, 'C': 3, 'd': 4, 'e': 5}
dct2 = {}
```

使用内置函数 dict() 也可以创建列表对象，其语法格式为：

dict(**kwarg)

或者

< 108 >

dict(mapping, **kwarg)

或者

dict(iterable, **kwarg)

使用上述第一种格式调用 dict() 函数创建字典对象时，将会以实际参数的参数名和参数值组成键值对作为字典的元素。程序如例 6_20 所示。

```
# 例 6_20 使用 dict() 函数创建字典对象
dct1 = dict(one = 1, two = 2, three = 3)
print(f"{dct1 = }")
dct2 = dict(zip(['one', 'two', 'three'], [1, 2, 3]))
print(f"{dct2 = }")
```

上述程序中，使用 dict() 函数的第二种格式创建字典对象时，参数 mapping 应该是一组具有映射关系的对象，程序的运行结果如下：

```
dct1 = {'one': 1, 'two': 2, 'three': 3}
dct2 = {'one': 1, 'two': 2, 'three': 3}
```

为了创建一组具有映射关系的对象，我们需要使用内置函数 zip()。该函数的功能是使用参数中指定的可迭代对象产生具有映射关系的对象组合，其语法格式为：

zip(*iterables)

其中，参数 *iterables 表示多个可迭代对象，其程序如例 6_21 所示。

```
# 例 6_21 zip() 函数应用举例
for item in zip((1,2,3),(4,5,6),(7,8,9)):
    print(item)
```

上述程序的运行结果如下：

```
(1, 4, 7)
(2, 5, 8)
(3, 6, 9)
```

观察程序运行结果可知，zip() 函数分别从 3 个元组中依次拿出每个元组中的元素组成一个新的对象组合。由于字典的元素是一个键值对，因此在创建字典的应用场景中，zip() 函数的参数必须是两个可迭代对象。

使用 dict() 函数的第三种调用格式创建字典对象时，参数 iterable 是一个可迭代对象，该可迭代对象中的每一项本身必须是一个刚好包含两个元素的可迭代对象。每一项中的第一个对象将成为新字典元素的键，第二个对象将成为该字典元素的值。程序如例 6_22 所示。

```
# 例 6_22 使用 dict() 函数创建字典的其他方式
dct1 = dict([('two', 2), ('one', 1), ('three', 3)])
print(f"{dct1 = }")
dct2 = dict()
print(f"{dct2 = }")
```

上述程序的运行结果如下：

```
dct1 = {'two': 2, 'one': 1, 'three': 3}
dct2 = {}
```

观察程序的运行结果可知，在调用 dict() 函数创建字典对象时，如果没有指定参数则会创建一个空字典。

< 109 >

6.2.2 操作字典中的元素

创建好的字典可以使用元素的键访问字典中的元素。字典元素的键几乎可以是任何对象，但是其中不能包含可变类型的数据对象。程序如例 6_23 所示。

```
# 例 6_23 访问字典的元素
dct1 = {1:"Hello",2:"Python"}                    # 以数字作为字典元素的键，访问字典元素
print(f"{dct1[1] = }")
dct2 = {"name":"Tom","sex":"male"}               # 以字符串作为字典元素的键，访问字典元素
print(f"{dct2['name'] = }")
dct3 = {(1,2):"red",(3,4):"blue"}                # 以元组作为字典元素的键，访问字典元素
print(f"{dct3[(1,2)] = }")
dct4 = {[1,2]:"red",[3,4]:"blue"}                # 列表不属于不可变对象类型，不能用于字典元素的键
```

上述程序的运行结果如下：

```
dct1[1] = 'Hello'
dct2['name'] = 'Tom'
dct3[(1,2)] = 'red'
Traceback (most recent call last):
  File "全书范例代码/例 6_23.py", line 8, in <module>
    dct4 = {[1,2]:"red",[3,4]:"blue"}
TypeError: unhashable type: 'list'
```

观察程序的运行结果可知，列表是一种可变数据对象类型，如果将其对象用作字典元素的键，会产生程序错误。

使用赋值语句可以修改字典元素的值或者向字典中添加新的元素，其程序如例 6_24 所示。

```
# 例 6_24 修改字典的元素
dct = {(1,2):"red",(2,3):"blue"}
print(f"原始字典：{dct = }")
dct[(1,2)] = "green"                             # 使用赋值语句修改字典元素的值
print(f"修改元素后：{dct = }")
dct[(3,4)] = "pink"                              # 当指定的键在字典中不存在时，会创建新的字典元素
print(f"增加元素后：{dct = }")
```

程序的运行结果如下：

```
原始字典：dct = {(1, 2): 'red', (2, 3): 'blue'}
修改元素后：dct = {(1, 2): 'green', (2, 3): 'blue'}
增加元素后：dct = {(1, 2): 'green', (2, 3): 'blue', (3, 4): 'pink'}
```

同时，由于字典元素的值也可以是任意类型的对象，这就意味着可以在字典对象中包含元组、列表或者另一个字典。程序如例 6_25 所示。

```
# 例 6_25 字典元素的嵌套
dct = {"元素 1":[1,2,3,4],"元素 2":{1:2,3:4}}
print(f"{dct['元素 1'][-1] = }")                 # 字典元素 1 的值是列表，所以可以用元素的序号值来访问
print(f"{dct['元素 2'][1] = }")                  # 字典元素 2 的值是字典，必须使用元素的键进行访问
print(f"{dct['元素 2'][2] = }")
```

上述程序的运行结果如下：

```
dct['元素 1'][-1] = 4
dct['元素 2'][1] = 2
```

< 110 >

```
Traceback (most recent call last):
  File "全书范例代码/例6_25.py", line 5, in <module>
    print(f"{dct['元素2'][2] = }")
KeyError: 2
```

观察程序的运行结果可知，访问字典元素时，若指定的键不存在，则程序会产生错误。

与列表类似，使用 del 语句可以删除字典中的元素或者直接将整个字典元素从内存中移除。程序如例 6_26 所示。

```
# 例 6_26 删除字典中的元素
dct = {(1,2):"red",(3,4):"blue"}
del dct[(1,2)]                      # 从字典中删除指定的元素
print(f"{dct = }")
del dct                             # 将整个字典对象从内存中移除
print(f"{dct = }")
```

上述程序的运行结果如下：

```
dct = {(3, 4): 'blue'}
Traceback (most recent call last):
  File "全书范例代码/例6_26.py", line 6, in <module>
    print(f"{dct = }")
NameError: name 'dct' is not defined
```

观察程序的运行结果可知，当字典对象从内存中移除后，若再次对其访问，则会引发程序错误。

6.2.3　字典的关系运算

由于字典中的元素在内存中并非按序存放，因此字典对象并不支持大小比较。同时，只要两个字典中的元素完全相同，两者就是相等的，与定义字典时元素的顺序完全无关。程序如例 6_27 所示。

```
# 例 6_27 字典对象的关系运算
print(f"{ {1:2,2:3}=={2:3,1:2}) = }")   # 赋值号两边的字典对象中包含的元素完全相同
dct = {(1,2):"red",(3,4):"blue"}
print(f"{ (1,2) in dct = }")             # 字典中包含以元组(1,2)为键的元素
print(f"{ (2,3) not in dct = }")         # 字典中不包含以元组(2,3)为键的元素
dct1 = {1:2,2:3}                         # 创建一个新的字典对象关联到变量 dct1
dct3 = dct2 = {1:2,2:3}                  # 再创建一个新的字典对象同时关联到变量 dct2 和 dct3
print(f"{ dct1==dct2 = }")               # dct1 和 dct2 所指的字典对象包含相同的元素
print(f"{ dct1 is dct2 = }")             # dct1 和 dct2 所指的是不同的字典对象
print(f"{ dct3 is dct2 = }")             # dct2 和 dct3 所指的是同一个字典对象
```

上述程序中，使用 in 和 not in 运算符判定的是字典对象中是否包含指定的键，使用 is 运算符判定两个变量是否表示的是同一个字典对象，程序的运行结果如下：

```
{1:2,2:3}=={2:3,1:2} = True
(1,2) in dct = True
(2,3) not in dct = True
dct1==dct2 = True
dct1 is dct2 = False
dct3 is dct2 = True
```

观察程序的运行结果可知，运算符==用于判定两个字典对象是否包含相同的元素，而 is 运算符则用于判定两个变量是否关联的是同一个字典对象。

< 111 >

6.2.4　字典的方法

　　Python 中的字典对象也拥有一系列有用的方法，程序例 6_28 对这些方法进行了举例。同时，为了方便读者阅读和分析语句功能，每条输出语句下方的注释中提示了该语句的运行结果。

```python
# 例 6_28 字典对象的方法
dct = {(1,2):"red",(3,4):"blue"}
dct_b = dct.copy()                      # 复制原字典中的所有元素，创建一个新的字典
print(dct_b)
# {(1, 2): 'red', (3, 4): 'blue'}
dct_b[(1,2)] = "green"                   # 对复制后得到的字典元素进行修改
print(dct)                               # 并不会影响原字典中的元素内容
# {(1, 2): 'red', (3, 4): 'blue'}
dct_b.clear()                            # 清空字典中的所有元素
print(dct_b)                             # 清空后的字典是一个空字典
# {}
print(dct.keys())                        # 获得字典对象中所有元素的键
# dict_keys([(1, 2), (3, 4)])
print(dct.values())                      # 获得字典对象中所有元素的值
# dict_values(['red', 'blue'])
print(dct.items())                       # 获得字典对象中所有的元素，即键值对
# dict_items([((1, 2), 'red'), ((3, 4), 'blue')])
print(dct.get((1,2)))                    # 获取字典中对应元素的值，参数为元素的键
# 'red'
print(dct.get((2,3),"unknown"))          # 若指定的元素不存在，则 get() 方法会返回参数 2 的值
# 'unknown'
print(dct.pop((1,2)))                    # 从字典中弹出指定的元素，返回值为弹出元素的值

# 'red'
print(dct)                               # 使用 pop() 方法弹出的元素将会从原字典中移除
# {(3, 4): 'blue'}
print(dct.popitem())                     # 从字典中弹出一个元素，返回值是整个元素（键值对）
# ((3, 4), 'blue')
print(dct.setdefault((1,2),"red"))       # 向字典中添加新元素，参数 1 为元素的键，参数 2 为值
# 'red'
print(dct)
# {(1, 2): 'red'}
print(dct.setdefault((1,2)))             # 若添加的元素已经存在，则返回对应元素的值
# 'red'
dct.update({(1,2):"blue",(3,4):"green"}) # 更新字典元素的值或添加不存在的新元素
print(dct)
# {(1, 2): 'blue', (3, 4): 'green'}
print(dict.fromkeys([1,2,3,4,5],0))      # 创建新字典，其中参数 1 为各元素的键，参数 2 为默认值
# {1: 0, 2: 0, 3: 0, 4: 0, 5: 0}
```

　　上述方法中需要特别注意的是，对字典对象进行迭代时，默认情况下将返回方法 keys() 的返回值，即只返回所有元素的键。若要进行对所有字典元素（键值对）的迭代，则需要使用方法 items() 的返回值。程序如例 6_29 所示。

```python
# 例 6_29 字典对象中元素的遍历
dct = {(1,2):"red",(3,4):"blue"}
for item in dct:                         # 默认情况下，字典对象在迭代时返回方法 keys() 的返回值
    print(item)
```

< 112 >

```
for item in dct.items():        # 若要迭代字典的所有元素, 需要使用方法 itmes() 的返回值
    print(item)
```

程序的运行结果如下:

```
(1, 2)
(3, 4)
((1, 2), 'red')
((3, 4), 'blue')
```

观察程序的运行结果可知, 前两行输出内容是没有使用字典对象的 items() 方法产生的遍历结果, 即循环中只完成了对字典元素键的迭代, 后两行输出内容是使用了字典对象的 items() 方法产生的遍历结果, 每一次迭代都包含了字典元素的键和值。

6.3　集合

为了在程序中表示数学中的集合, Python 支持在程序中使用集合类型的对象。集合是一个无序不重复元素集。值得注意的是, Python 中的集合对象分为可变集合(set)和不可变集合(frozenset)两种。

集合

6.3.1　创建集合对象

在 Python 程序中, 使用大括号将集合元素包含起来, 就可以表示一个可变集合对象, 其程序如例 6_30 所示。

```
# 例 6_30 创建集合对象
s = {1,2,3,4,5}
print(s,type(s))
```

上述程序的运行结果如下:

```
{1, 2, 3, 4, 5} <class 'set'>
```

使用内置函数 set() 可以分别创建可变集合对象和不可变集合对象, 其语法格式为:

set([iterable])

和

frozenset([iterable])

其中, 参数 iterable 代表的是一个可迭代的对象。调用函数时, 将对参数进行迭代以获取对象, 作为集合的元素创建新集合。程序如例 6_31 所示。

```
# 例 6_31 使用 set() 函数和 frozenset() 函数创建集合对象
s = set('123456')
print(s,type(s))
fs = frozenset([1,2,3,4,5])
print(fs,type(fs))
s1 = set([1,2,3,1,2,3])
print(f"{s1 = }")
s2 = set("Hello")
print(f"{s2 = }")
```

上述程序的运行结果如下:

```
{'6', '1', '4', '5', '2', '3'} <class 'set'>
```

< 113 >

```
frozenset({1, 2, 3, 4, 5}) <class 'frozenset'>
s1 = {1, 2, 3}
s2 = {'o', 'H', 'e', 'l'}
```

由集合的定义可知，集合中的元素是不重复的，所以在上述运行结果中，对参数进行迭代后，set()函数和frozenset()函数会自动舍弃重复的元素值。

6.3.2 操作集合对象

与其他组合对象不同，对于创建好的集合，我们无法访问其中的特定元素，只能对集合对象进行并、交、差等集合运算。例6_32程序中演示了常见的集合运算。为了方便读者阅读和分析语句功能，每条输出语句下方的注释中提示了该语句的运行结果。

```
# 例 6_32 集合对象的运算
a = {1,2,3,4,5}
b = {4,5,6,7,8}
print(a & b)                    # 运算符&，表示求两个集合对象的交集
# {4, 5}
print(a | b)                    # 运算符|，表示求两个集合对象的并集
# {1, 2, 3, 4, 5, 6, 7, 8}
print(a - b)                    # 运算符-，表示求两个集合对象的差集
# {1, 2, 3}
print(b - a)                    # 要特别注意，对于两个集合，a-b和b-a的运算结果不同
# {8, 6, 7}
print(a ^ b)                    # 运算符^，表示求两个集合独有的元素的并集
# {1, 2, 3, 6, 7, 8}
print(3 in a)                   # 使用in运算符判定元素是否被集合对象包含
# True
print(8 not in a)               # 使用not in运算符判定元素是否不被集合对象包含
# True
print(a <= (a|b))               # 运算符<=，表示运算符左边的集合对象是否为右边的子集
# True
print(a < a)                    # 运算符<，表示运算符左边的集合对象是否为右边的真子集
# False
print(a >= (a&b))               # 运算符>=，表示运算符左边的集合对象是否为右边的超集
# True
print(a > a)                    # 运算符>，表示运算符左边的集合对象是否为右边的真超集
# False
a = {1,2,3}
b = {3,2,1}
print(a == b)                   # 运算符==，用于判定两个集合对象的元素是否相同
# True
print(a is b)                   # 运算符is用于判定两个变量是否指向同一个对象
# False
```

上述程序中，由于集合中的元素是无序的，因此只要两个集合对象中的元素内容相同，则两个集合对象满足相等的条件，即表达式{1,2,3}=={3,2,1}的运算结果为True。

6.3.3 集合的方法

例6_33程序中演示了可变集合对象set和不可变集合对象frozenset共有的方法的使用。为了方便读者阅读和分析语句功能，每条输出语句下方的注释中提示了该语句的运行结果。

< 114 >

```
# 例 6_33 集合对象的通用方法
a = frozenset([1,2,3,4,5])
b = frozenset([4,5,6,7,8])
c = a.copy()                              # 复制原集合对象，产生新集合对象
print(c)
# frozenset({1, 2, 3, 4, 5})
print(a.difference(b))                    # 返回 a-b 的结果，即集合 a 与集合 b 的差集
# frozenset({1, 2, 3})
print(a.intersection(b))                  # 返回 a&b 的结果，即集合 a 与集合 b 的交集
# frozenset({4, 5})
print(a.union(b))                         # 返回 a|b 的结果，即集合 a 与集合 b 的并集
# frozenset({1, 2, 3, 4, 5, 6, 7, 8})
print(a.symmetric_difference(b))          # 返回 a^b 的结果，即集合 a 和集合 b 中独有元素的并集
# frozenset({1, 2, 3, 6, 7, 8})
print(a.isdisjoint(b))                    # 判断集合对象 a 和 b 是否不相交
# False
c = frozenset({1,2,3})
print(a.issuperset(c))                    # 判断集合 a 是否为集合 c 的超集
# True
print(c.issubset(a))                      # 判断集合 c 是否为集合 a 的子集
# True
```

特别地，由于可变集合对象 set 的元素允许修改，因此它支持更多的方法。例 6_34 程序中演示了 set 类型的集合对象所特有方法的使用。为了方便读者阅读和分析语句功能，每条输出语句下方的注释中提示了该语句的运行结果。

```
# 例 6_34 set 对象的特有方法
a = {1,2,3,4,5}
a.add(6)                                  # 向集合中添加新元素
print(a)
# {1, 2, 3, 4, 5, 6}
a.remove(1)                               # 从集合中移除指定的元素
print(a)
# {2, 3, 4, 5, 6}
a.discard(1)                              # 若指定的元素不存在，discard() 方法不会产生报错
print(a.pop())                            # 从集合中弹出一个任意的元素
# 2
print(a)                                  # 弹出的元素将会从原集合对象中移除
# {3, 4, 5, 6}
b = {5,6,7,8,9}
a.update(b)                               # 更新集合对象，在集合对象 a 中完成 a|b 的操作
print(a)
# {3, 4, 5, 6, 7, 8, 9}
b = {5,6,7}
a.difference_update(b)                    # 在集合对象 a 中的元素更新成 a-b 的运算结果
print(a)
# {3, 4, 8, 9}
b = {1,2,3,4,5}
a.intersection_update(b)                  # 在集合对象 a 中的元素更新成 a&b 的运算结果
print(a)
# {3, 4}
b = {4,5,6}
a.symmetric_difference_update(b)          # 在集合对象 a 中的元素更新成 a^b 的运算结果
print(a)
# {3, 5, 6}
```

< 115 >

上述程序中，集合对象的 remove() 方法和 discard() 方法都可以用于从集合对象中移除指定的元素，两者的区别在于，当集合中不存在指定的元素时，remove() 方法会产生程序错误，而 discard() 方法则不会产生任何报错信息。

6.4 解包赋值

为了将组合数据对象中的元素赋值给不同的变量，我们可以在赋值号的左边用与元素数量相等的变量来关联组合数据对象中的元素，这种赋值语句被称作解包赋值。程序如例 6_35 所示。

```
# 例 6_35 解包赋值
tup = ('Tom', 'Male', 40)
name, sex, age = tup              # 利用解包赋值，将元组中的元素挨个赋值给多个变量
print(name,sex,age)
a,b = {1,2,3}
```

请特别注意解包赋值中，赋值号左边的变量总数一定要与赋值号右边组合数据对象中元素的总数相等，否则会引起程序报错，所以上述程序的运行结果中应该包含运行语句 a,b={1,2,3} 后的程序错误信息，具体如下：

```
Tom Male 40
Traceback (most recent call last):
  File "全书范例代码/例 6_35.py", line 5, in <module>
    a,b = {1,2,3}
ValueError: too many values to unpack (expected 2)
```

由于对字典对象进行迭代时，返回的是每一个字典元素的键，因此对字典对象进行解包赋值后，赋值号左边的变量关联的就是字典中各元素的键。其程序如例 6_36 所示。

```
# 例 6_36 字典对象的解包赋值
dct = {(1,2):"red",(3,4):"blue"}
a,b = dct
print(a,b,sep='\n')
dct = {(1,2):"red",(3,4):"blue"}
a,b = dct.items()
print(a,b,sep='\n')
```

程序的运行结果如下：

```
(1, 2)
(3, 4)
((1, 2), 'red')
((3, 4), 'blue')
```

观察程序的运行结果可知，使用字典对象的 items() 方法可以对字典中的元素进行键值对形式的迭代；若对 items() 方法的返回结果进行解包赋值，则赋值号左边的每一个变量中关联的就是一个存放了键和值的二元组。

6.5 解包参数传递

Python 中，除了可以将组合数据对象中的元素赋值给不同的变量，还可以在函数调用中使用 * 运算符将序列中的元素或者使用 ** 运算符将字典中的元素传递给函数的参数。这种传递参数的方式被称作解包参数传递。程序如例 6_37 所示。

< 116 >

```
# 例 6_37 解包参数传递
tup = (3,10,2)
print(list(range(*tup)))              # 对 range() 函数的调用，等价于 range(3,10,2)

def sum(a,b,c):
    return a+b+c
dic = {"a":3,"b":10,"c":2}
print(sum(**dic))                     # 对 sum() 函数的调用，等价于 sum(a = 3,b = 10,c = 2)
```

　　上述程序中，元组 tup 中包含 3 个元素，当以*tup 为参数调用 range()函数时，Python 会将元组 tup 中的元素挨个传递给对应位置的参数，所以上述程序中对于 range()函数的调用形式等价于 range(3,10,2)。同时，字典 dic 中也包含了 3 个元素，当以**dic 为参数调用 sum()函数时，Python 会将字典 dic 中的元素挨个传递给对应的关键字参数，所以上述程序中对于 sum()函数的调用形式等价于 sum(a = 3,b = 10,c = 2)。程序的运行结果如下：

```
[3, 5, 7, 9]
15
```

　　与解包赋值一样，在解包参数传递的过程中，对组合数据对象进行解包得到的对象数量必须在函数参数能够匹配的范围内。如果超出函数参数的匹配范围，则会引起程序报错。

6.6　组合数据类型的复制：浅拷贝与深拷贝

组合数据类型的
复制：浅拷贝与
深拷贝

　　组合数据类型的对象都有一个名为 copy()的方法。该方法的作用是将原对象进行复制，生成一个内容一模一样的新对象，且在程序中对新对象的操作并不会影响到原来的对象内容。程序如例 6_38 所示。

```
# 例 6_38 组合数据类型对象的浅复制
x = [1,2,3]                  # 创建列表对象 x
y = x.copy()                 # 创建对象 y，其内容是对列表对象 x 的拷贝
y[0] = 100                   # 修改列表对象 y 的元素内容
print(f"{x = }")             # 确认对列表 x 的元素修改成功
print(f"{y = }")             # 确认对列表 y 的元素修改成功
```

　　上述程序的运行结果如下：

```
x = [1, 2, 3]
y = [100, 2, 3]
```

　　产生上述效果的原因是对象的 copy()方法将对象中的元素挨个在内存中复制了一遍，那么如果对象中包含的同样也是组合数据类型的对象，上述操作还同样成立吗？读者可以输入例 6_39 所示的程序进行验证。

```
# 例 6_39 嵌套组合数据类型对象的浅复制
x = [[1,2],[3,4],[5,6]]      # 创建多级列表对象 x
y = x.copy()                 # 创建对象 y，其内容是对多级列表对象 x 的拷贝
y[0].append(100)             # 在列表 y 的第 1 个元素中添加新的元素
print(f"{x = }")
print(f"{y = }")
```

< 117 >

上述程序的运行结果如下：

```
x = [[1, 2, 100], [3, 4], [5, 6]]
y = [[1, 2, 100], [3, 4], [5, 6]]
```

观察上述程序的运行效果可知，组合数据对象的 copy() 方法并没有对其中包含的组合数据类型的元素进行更深层次的复制，所以我们称这种拷贝方式为**浅拷贝**。为了能够实现更深层次的元素复制，需要以**深拷贝**的方式进行组和数据对象的复制，具体的方法是使用 copy 模块的 deepcopy() 函数。程序如例 6_40 所示。

```
# 例 6_40 组合数据类型对象的深拷贝
from copy import deepcopy          # 从 copy 模块中引入 deepcopy() 函数
x = [[1,2],[3,4],[5,6]]           # 创建多级列表对象 x
y = deepcopy(x)                    # 创建对象 y，其内容是对多级列表对象 x 的深拷贝
y[0].append(100)                  # 在列表 y 的第 1 个元素中添加新的元素
print(f"{x = }")
print(f"{y = }")
```

上述程序的运行结果如下：

```
x = [[1, 2], [3, 4], [5, 6]]
y = [[1, 2, 100], [3, 4], [5, 6]]
```

观察上述程序的运行效果可知，经过 deepcopy() 函数复制得到的对象是对原对象的深层次拷贝，其中的每一个元素包括组合数据类型的对象都是经过复制得到的，它们与被复制对象占用的是不同的内存空间。

6.7 与组合数据类型有关的内置函数

与组合数据类型
有关的内置函数

Python 中包括很多用来处理组合数据类型对象的内置函数。

6.7.1 内置函数 all()

all() 函数的功能是判定组合数据对象中的元素的逻辑值是否都为真，其语法格式为：

all(iterable)

其中，如果参数 iterable 所有元素的逻辑值均为真值（或可迭代对象为空）则返回 True，否则函数返回 False。程序如例 6_41 所示。

```
# 例 6_41 内置函数 all() 应用举例
print(f"{all([]) = }")              # 参数的可迭代对象为空，函数返回 True
print(f"{all([1,5.3,'Hello']) = }")  # 参数对象的所有元素的逻辑值均为真，函数返回 True
print(f"{all([0,'Hi',(1,2,3)]) = }") # 参数对象中包含逻辑值为假的元素，函数返回 False
```

程序的运行结果如下：

```
all([]) = True
all([1,5.3,'Hello']) = True
all([0,'Hi',(1,2,3)]) = False
```

6.7.2 内置函数 any()

any() 函数的功能是判定组合数据对象中是否包含逻辑值为真的元素，其语法格式为：

< 118 >

any(iterable)

其中，如果参数 iterable 的任一元素的逻辑值为真则函数返回 True，否则返回 False，同时如果可迭代对象为空，函数返回 False。程序如例 6_42 所示。

```
# 例 6_42 内置函数 any()应用举例
print(f"{any({}) = }")                    # 参数的可迭代对象为空，函数返回 False
print(f"{any([0,2.5,'Hi']) = }")          # 参数对象中包含逻辑值为真的元素，函数返回 True
print(f"{any([None,0,False,'']) = }")     # 参数对象中不包含逻辑值为真的元素，函数返回 False
```

程序的运行结果如下：

```
any({}) = False
any([0,2.5,'Hi']) = True
any([None,0,False,'']) = False
```

6.7.3　内置函数 enumerate()

enumerate()函数的功能是从指定的参数中返回枚举类型的对象，对枚举类型的对象进行迭代，以得到一个二元组：(迭代序号,枚举值)。enumerate()函数的语法格式为：

enumerate(iterable, start=0)

调用该函数时，将由参数 iterable 产生枚举类型的对象，该对象每次迭代后返回一个二元组，其中包含一个计数值（从参数 start 开始，默认情况下 start 取值为 0）以及通过对参数 iterable 迭代获得的值。程序如例 6_43 所示。

```
# 例 6_43 内置函数 enumerate()应用举例
for item in enumerate({"Tom","Jack","Rose","Mary"}):
    print(item)
```

程序的运行结果如下：

```
(0, 'Rose')
(1, 'Jack')
(2, 'Tom')
(3, 'Mary')
```

在上述程序中，enumerate()函数的参数是一个集合。由之前所学的内容可知，集合中的元素是无序的，但是通过对 enumerate()函数返回的枚举对象进行迭代，却可以得到若干个由序号和集合元素组成的二元组。

6.7.4　内置函数 filter()

filter()函数的功能是将组合数据对象的元素按照条件进行筛选，把满足条件的元素筛选出来组成新对象，其语法格式为：

filter(function, iterable)

其中，参数 function 为一个函数对象。当函数 filter()被调用时，将参数 iterable 中的元素依次作为函数 function 的实际参数进行函数调用，若调用后返回 True，即表示该元素满足筛选条件，将所有满足筛选条件的元素组成新的对象作为 filter()函数的返回值。程序如例 6_44 所示。

```
# 例 6_44 内置函数 filter()应用举例
x = [1,2,3,4,5,6,7,8,9,10]        # 定义一个新的列表对象 x
y = filter(lambda x:x%2==0,x)     # 对 x 的元素进行筛选，筛选出偶数元素组成新的对象 y
print(list(y))                    # 将 y 转换成列表进行输出
```

< 119 >

上述程序的运行结果如下：

```
[2, 4, 6, 8, 10]
```

6.7.5　内置函数 len()

len()函数的功能是返回组和数据对象中的元素数量，其语法格式为：

len(s)

该函数在调用时，将返回对象 s 中包含的元素数量，其程序如例 6_45 所示。

```
# 例 6_45 内置函数 len()应用举例
print(f"{len('Hello!') = }")            # 返回字符串中字符的数量
print(f"{len([1,2,3,4,5]) = }")         # 返回列表中元素的数量
print(f"{len({6,7,8,9}) = }")           # 返回集合中元素的数量
print(f"{len({'Tom':19,'Jack':20}) = }") # 返回字典中元素的数量
```

程序的运行结果如下：

```
len('Hello!') = 6
len([1,2,3,4,5]) = 5
len({6,7,8,9}) = 4
len({'Tom':19,'Jack':20}) = 2
```

6.7.6　内置函数 map()

map()函数的功能是将指定的函数应用在所有的组合数据对象元素上，其语法格式为：

map(function, iterable, ⋯)

其中，参数 function 为一个函数对象。当函数 map()被调用时，将参数 iterable 中的元素依次作为函数 function 的实际参数进行函数调用，并将返回值组成新对象作为 map()函数的返回值。程序如例 6_46 所示。

```
# 例 6_46 内置函数 map()应用举例
x = [1,2,3,4,5]                        # 定义列表对象 x
y = list(map(lambda n:n**2,x))         # 使用 map()函数计算 x 中每个元素的平方值，构建新对象 y
print(f"{y = }")                       # 将对象 y 转换成列表进行输出

z = list(map(lambda a,b:a+b,x,y))      # 匿名函数参数为 a 和 b,则 map()中必须有 2 个可迭代对象
print(f"{z = }")                       # 对象 z 中的值为对象 x 和对象 y 的对应元素的和
```

上述程序中值得注意的是，如果 function 指定的函数在调用时需要不止一个实际参数，则需要在map()函数中给出对应数量的 iterable 参数值。程序的运行结果如下：

```
y = [1, 4, 9, 16, 25]
z = [2, 6, 12, 20, 30]
```

6.7.7　内置函数 max()

max()函数的功能是返回组和数据对象中的最大值对应的元素，其语法格式为：

max(iterable, *[, key, default])

或者

max(arg1, arg2, *args[, key])

< 120 >

max()函数的第一种调用形式中，参数 iterable 表示包含待比较元素的对象，参数 key 用于指定进行比较时所使用的函数，参数 default 表示可迭代对象为空时返回的内容。如果可迭代对象为空，并且没有指定参数 default 的内容，则会产生程序错误。程序如例 6_47 所示。

```
# 例 6_47 内置函数 max() 应用举例
x = [1,-2,3,-4,5,-6]                            # 定义新列表 x，其中包含正数和负数
print(f"{x = }")
print(f"{max(x) = }")                           # 以元素本身的值进行比较，列表 x 中最大值为 5
print(f"{max(x,key=abs) = }")                   # 以元素的绝对值进行比较，列表 x 中最大值为-6
print(f"{max([],default=0) = }")                # 若可迭代对象为空，则返回参数 default 的内容
print(f"{max([]) = }")                          # 若可迭代对象为空，且没有指定参数 default，则报错
```

程序的运行结果如下：

```
x = [1, -2, 3, -4, 5, -6]
max(x) = 5
max(x,key=abs) = -6
max([],default=0) = 0
Traceback (most recent call last):
  File "全书范例代码/例 6_47.py", line 7, in <module>
    print(f"{max([]) = }")
ValueError: max() arg is an empty sequence
```

max()函数的第二种调用形式中，参数 arg1、arg2、*args 是一系列待比较的对象，参数 key 用于指定进行比较时所使用的函数。程序如例 6_48 所示。

```
# 例 6_48 内置函数 max() 的第二种使用方法应用举例
print(f"{max(1,-2,3,-4,5) = }")                 # 返回一系列参数中的最大值
print(f"{max(1,-2,3,-4,5,key=abs) = }")         # 以 abs() 函数的返回值为依据，求返回值最大的对象
```

程序的运行结果如下：

```
max(1,-2,3,-4,5) = 5
max(1,-2,3,-4,5,key=abs) = 5
```

6.7.8　内置函数 min()

min()函数的功能是返回组和数据对象中的最小值对应的元素，其语法格式为：

min(iterable, *[, key, default])

或者

min(arg1, arg2, *args[, key])

min()函数的第一种调用形式中，参数 iterable 表示包含待比较元素的对象，参数 key 用于指定进行比较时所使用的函数，参数 default 表示可迭代对象为空时返回的内容。如果可迭代对象为空，并且没有指定参数 default 的内容，则会产生程序错误。min()函数的第二种调用形式中，参数 arg1、arg2、*args 是一系列待比较的对象，参数 key 用于指定进行比较时所使用的函数。程序如例 6_49 所示。

```
# 例 6_49 内置函数 min() 应用举例
x = [1,-2,3,-4,5,-6]                            # 定义新列表 x，其中包含正数和负数
print(f"{min(x) = }")                           # 以元素本身的值进行比较，列表 x 中最小值为-6
print(f"{min(x,key=abs) = }")                   # 以元素的绝对值进行比较，列表 x 中最小值为 1
print(f"{min(1,-2,3,-4,5) = }")                 # 返回一系列参数中的最小值
print(f"{min(1,-2,3,-4,5,key=abs) = }")         # 以 abs() 函数的返回值为依据，求返回值最小的对象
```

< 121 >

程序的运行结果如下：

```
min(x) = -6
min(x,key=abs) = 1
min(1,-2,3,-4,5) = -4
min(1,-2,3,-4,5,key=abs) = 1
```

6.7.9　内置函数 sorted()

sorted()函数的功能是根据给定参数的元素内容进行排序，并将排序后的结果组装在一个列表对象中返回，其语法格式为：

sorted(iterable, *, key=None, reverse=False)

其中，根据参数 iterable 中的元素进行排序。该函数具有两个可选参数，它们都必须指定为关键字参数。参数 key 用于指定进行比较时所使用的函数，默认情况下以元素本身的大小进行排序。参数 reverse 为一个布尔值，如果设置为 True，则每个列表元素将按反向顺序比较进行排序。程序如例 6_50 所示。

```
# 例 6_50 内置函数 sorted()应用举例
lst = [1,-2,3,-4,5,-6,7]                       # 创建列表对象 lst
print(f"{sorted(lst) = }")                      # 对列表 lst 的元素按从小到大的顺序排序
print(f"{sorted(lst,key=abs) = }")              # 对列表 lst 的元素按绝对值从小到大的顺序排序
print(f"{sorted(lst,key=abs,reverse=True) = }") # 对列表 lst 的元素按绝对值从大到小的顺序排序
```

程序的运行结果如下：

```
sorted(lst) = [-6, -4, -2, 1, 3, 5, 7]
sorted(lst,key=abs) = [1, -2, 3, -4, 5, -6, 7]
sorted(lst,key=abs,reverse=True) = [7, -6, 5, -4, 3, -2, 1]
```

对于字典类型的对象，默认情况下将以按照每个元素的键的大小进行排序。如果希望排序时按照字典元素的值进行大小比较，我们可以将参数 key 设置为字典对象的 get 方法。程序如例 6_51 所示。

```
# 例 6_51 内置函数 sorted()排序字典对象
ages = {"Tom":18,"Jack":17,"Rose":20,"Mary":19}
print(f"{sorted(ages) = }")                 # 以字典 ages 中每个元素的键为依据，从小到大排序
print(f"{sorted(ages,key=ages.get) = }")    # 以字典 ages 中每个元素的值为依据，从小到大排序
print(f"{sorted(ages,key=ages.get,reverse=True) = }") # 对字典元素按值的大小逆序排序
```

程序的运行结果如下：

```
sorted(ages) = ['Jack', 'Mary', 'Rose', 'Tom']
sorted(ages,key=ages.get) = ['Jack', 'Tom', 'Mary', 'Rose']
sorted(ages,key=ages.get,reverse=True) = ['Rose', 'Mary', 'Tom', 'Jack']
```

6.7.10　内置函数 sum()

sum()函数的功能是返回组和数据对象中的元素的和，其语法格式为：

sum(iterable, start=0)

该函数在调用时，从参数 start 开始自左向右对参数 iterable 的元素求和并返回总计值。参数 iterable 的元素通常为数字，而参数 start 的值则不允许为字符串。程序如例 6_52 所示。

```
# 例 6_52 内置函数 sum()应用举例
print(f"{sum(range(1,11))     = }")         # 求表达式 1+2+…+9+10 的运算结果
print(f"{sum(range(1,11),start=100) = }")   # 求表达式 100+1+2+…+9+10 的运算结果
```

< 122 >

程序的运行结果如下：

```
sum(range(1,11)) = 55
sum(range(1,11),start=100) = 155
```

6.8　综合案例：分解质因子

综合案例：分解
质因子

编写程序完成以下功能：从键盘上接收用户输入的一个整数，将其表示成由其质因子相乘的算式，例如用户从键盘上输入 60 后，屏幕上应该输出算式 60=2*2*3*5。

根据上述要求，首先应该将输入的整数的所有质因子找出来，再将其构造成上述要求的算式进行输出即可，程序如例 6_53 所示。

```python
# 例 6_53 分解质因子
n = int(input("请输入待分解的正整数: "))   # 提示用户从键盘上输入待分解的整数 n
fact = []                            # 创建列表 fact 用于存放分解后得到的质因子
m = n                                # 将 n 的值赋给变量 m，用于后续的计算
while m!=1:                          # 反复求出 m 包含的最小质因子，直到 m 的值为 1
    for i in range(2,m+1):
        if m % i == 0:
            fact.append(i)           # 将质因子添加到列表 fact 中
            m = m//i                 # 更新 m 的值
            break                    # 终止 for 循环，以继续从 2 尝试求得最小质因子
print(f"{n}=",end="")                # 输出算式的左半部分
print(*fact,sep="*")                 # 输出算式的右半部分
```

上述程序中，为了保留整数 n 的值，需要先将其赋值给变量 m；接着，构造条件循环反复求出 m 包含的最小质因子，直到 m 的值为 1 为止；其中求出 m 包含的最小值因子的具体步骤为：构造迭代循环，在 2 至 m 范围内找到最小的能够整除 m 的数，即 m 的最小质因子，将其添加到列表 fact 中，并将 m 的值更新为 m//最小质因子；最后当条件循环终止后，只需按照要求构造算式并输出即可。程序在输入整数 60 后的运行结果如下：

```
请输入待分解的正整数: 60
60=2*2*3*5
```

6.9　本章小结

本章小结

通过本章的学习，我们掌握了处理 Python 中组合数据类型，包括元组、列表、字符串、字典和集合的相关知识。

序列是 Python 中最基本的数据对象类型。其中最常见的序列包括元组、列表和字符串。元组和列表之间的主要区别是元组不能像列表那样改变元素的值，列表可以理解为"只读列表"。元组使用圆括号()将数据包含起来，而列表使用方括号[]将数据包含起来。

除了元组和列表，字符串也是序列类型对象之一。字符串是由数字、字母、符号组成的一串字符，用一个引号包含。它是编程语言中表示文本数据的类型。对于序列类型的对象，我们必须掌握对其进

< 123 >

行切片运算的正确方法。当方括号中的序号为正数时，表示从左往右计数；序号为负数时，表示该序号为从序列的尾部向头部计数得到的值，即从右往左计数的值。

字典是一种通过名称来引用值的特殊类型。字典经常也被称为映射（mapping），这是由于字典中的值没有特殊的顺序，但是都存储在特定的键下。与列表类似，字典中的元素也可以进行任意的添加、修改、删除；唯一不同的是，无法使用一个序号来表示字典中的元素，而必须使用字典元素的键。

Python 中，集合被分为可变集合和不可变集合，它们中的元素都是无序、不重复的，集合的操作方式与数学中集合的操作方式保持一致，通过集合运算符可以完成并、交、差等集合运算。

上述组合数据类型的元素可以是任意类型的对象，也就是说组合数据对象是可以嵌套使用的，例如一个列表中的元素是字典，或者一个集合中的元素是元组等。在嵌套使用组合数据类型的对象时，如果需要复制这些对象，一定要注意深拷贝和浅拷贝这两种方式的差异。

组合数据类型能够帮助程序员更好地表示现实生活中的各种数据，从而提升使用计算机解决现实问题的能力。为了更好地使用这些类型的对象，读者除了要掌握它们各自所拥有的不同方法，还需要知道在 Python 语言中内置的一系列与之有关的常用函数。

6.10 课后习题

一、单选题

1. 关于列表，以下描述不正确的是（ ）。
   - A. 列表元素类型可以不同
   - B. 列表元素的数量没有限制
   - C. 必须按顺序插入元素
   - D. 支持 in 运算符，用于判定是否包含指定对象

2. 以下方法中，既可以适用于列表，又可以适用于字符串的方法是（ ）。
   - A. append()
   - B. sort()
   - C. find()
   - D. index()

3. 下列程序的运行结果是（ ）。

```
a = [10, 20, 30]
print(a * 2)
```

   - A. [10, 20, 30, 10, 20, 30]
   - B. [20, 40, 60]
   - C. [11, 22, 33]
   - D. [10, 20, 30]

4. 表达式(12, 34, 56) + (78)的运算结果是（ ）。
   - A. (12, 34, 56, (78))
   - B. (12, 34, 56, 78)
   - C. [12, 34, 56, 78]
   - D. 程序错误

5. 关于元组，以下描述正确的是（ ）。
   - A. 所有元素的类型必须相同
   - B. 支持 in 运算符，用于判定是否包含指定对象
   - C. 插入的新元素始终放在最后
   - D. 元组不支持切片运算

6. 对于列表 numbers = list(range(1,11))，以下操作中，（ ）得到的结果中包含数字 6。
   - A. >>> numbers[0: 5]
   - B. >>> numbers[5: -1]
   - C. >>> numbers[6]
   - D. >>> numbers[-4: -1]

7. 以下选项中，元组和列表都支持的方法是（ ）。
   - A. extend()
   - B. append()
   - C. count()
   - D. remove()

< 124 >

8. 下列程序的运行结果为（　　　）。

```
>>> {1, 2, 3} & {3, 4, 5}
```

  A.　{3}   B.　{1, 2, 3, 4, 5}

  C.　{1, 2, 3, 3, 4, 5}   D.　程序出错

9. 以下选项中的语句，（　　　）不能创建字典对象。

  A.　{ }   B.　dict(zip([1, 2, 3], [4, 5, 6]))

  C.　dict([(1, 4), (2, 5), (3, 6)])   D.　{1, 2, 3}

10. 以下选项中，删除字典中的所有元素的方法是（　　　）。

  A.　clear()   B.　delete()   C.　close()   D.　deleteAll()

二、填空题

1. 下列程序的运行结果是＿＿＿＿＿＿＿。

```
a = [10, 20, 30]
b = a
b[1] = 40
print(a[1])
```

2. 下列程序的运行结果是＿＿＿＿＿＿＿。

```
def fun(lst):
    lst = [4, 5, 6]
lst = [1, 2, 3]
fun(lst)
print(lst)
```

3. 下列程序的运行结果是＿＿＿＿＿＿＿。

```
def fun(list):
    list = [4, 5, 6]
    return list
a = [1, 2, 3]
a = fun(a)
print(a[1])
```

4. 下列表达式的运算结果是＿＿＿＿＿＿＿。

```
>>> [n*n for n in range(6) if n*n % 2 ==1]
```

5. Python 包括元组、列表、字典、集合等数据类型，其中＿＿＿＿＿＿＿是唯一的一种映射类型。

6. 设 s='abcde'，则表达式 s[1:3]值是'＿＿＿＿＿＿＿'。

7. 设 s='abcde'，则表达式 s[::-1]值是'＿＿＿＿＿＿＿'。

8. 给定字符串 s="hello world"，获取"hello"的切片表达式为＿＿＿＿＿＿＿。

9. 下列程序的运行结果是＿＿＿＿＿＿＿。

```
s = [1,2,3,4]
s.append([5,6])
print(len(s))
```

10. 下列程序的运行结果是＿＿＿＿＿＿＿。

```
s = [1,2,3,4]
s.extend([5,6])
print(len(s))
```

三、编程题

1. 编写 Python 程序，完成以下要求效果：输出 Fibonacci 数列的前 10 项，其中 Fibonacci 数列的

< 125 >

第 *n* 项的计算方法如下。

$$F_n = \begin{cases} 1 & n=0或n=1 \\ F_{n-1}+F_{n-2} & n>2 \end{cases}$$

输出样例：

```
1,1,2,3,5,8,13,21,34,55
```

2. 编写 Python 程序，完成以下要求效果：从键盘上依次输入若干同学的姓名和年龄，直到输入空行为止，求出输入数据中年龄最大的同学，并在屏幕上输出其姓名。

输入样例：

```
Jack,19
Rose,20
Jerry,21
```

输出样例：

```
Jerry
```

3. 编写 Python 程序，完成以下要求效果：从键盘上输入一句英文句子，统计其中出现次数最多的字母（忽略字母的大小写，即大写字母和小写字母算作同一个字母）。

输入样例：

```
This is a banana.
```

输出样例：

```
a
```

4. 编写 Python 程序，完成以下要求效果：从键盘上接收用户输入的一个正整数，找出不大于该数的所有质因子同时包含 2、3、5 的整数（可包含不止 1 个 2、3 或 5），并输出这些整数由质因子相乘的算式。

输入样例：

```
200
```

输出样例：

```
30=2*3*5
60=2*2*3*5
90=2*3*3*5
120=2*2*2*3*5
150=2*3*5*5
180=2*2*3*3*5
```

< 126 >

第 **7** 章　异常处理和文件操作

学习目标

- 理解异常处理机制在程序中的作用。
- 掌握 try、except、finally 等关键字的用法。
- 理解断言的作用，并掌握断言的使用。
- 掌握打开文件、读文件和写文件的方法。

　　程序在编制的过程中，难免包含各种各样的缺陷和错误。虽然我们已经尽可能编写正确的程序，但这并不足以消灭所有导致程序出错的因素，所以我们必须学会使用异常处理机制来削弱可能出现的错误对程序运行产生的负面作用。

7.1　异常处理

　　Python 程序中包含的错误分为 3 种类型，即语法错误、语义错误和运行错误。由于包含语法错误的程序无法顺利被 Python 解释器识别，因此 Python 开发工具会帮助我们在运行程序前就修正各种语法错误。语义错误也被称作逻辑错误，包含这种错误的程序虽然可以运行，但是无法得到预期的结果。运行错误是指程序在运行过程中产生的错误。

异常处理

　　为了提高软件的容错性、改善软件在遇到错误时的用户体验，Python 提供了一种名为异常处理的机制，这种机制帮助程序更好地应对运行时产生的错误（即异常），避免软件系统因为遇到错误而直接崩溃。

　　例如，编写程序提示用户从键盘上输入两个整数，输出这两个整数的实数商。程序如例 7_1 所示。

```
# 例 7_1 输出两个整数的相除结果
a=36
lst=[2,4,0,3]
for num in lst:
    print(f"{a}/{num}={a/num}")
```

　　上述程序运行后会产生如下结果：

```
18.0
9.0
Traceback (most recent call last):
  File "全书范例代码/例7_1.py", line 5, in <module>
    print(f"{a}/{num}={a/num}")
ZeroDivisionError: division by zero
```

输出结果中，18 是 36 除以列表 lst 的第一个元素 2 的商，9 是 36 除以列表 lst 的第二个元素 4 的商，接下来屏幕上的报错是因为 36 除以列表 lst 的第三个元素 0 时产生了除数为 0 的错误，即 ZeroDivisionError。同时，通过观察上述输出结果可知，当错误产生以后，整个程序会停止运行。

显然，如果软件开发单位提供的是这样的程序，用户一定不会满意。软件系统的用户希望程序在遇到错误时能够提供友好的提示，或者对用户提出避免产生错误的建议。异常处理正是这样一种当程序在运行过程中遇到错误时，对其进行相应处理的程序。

7.1.1 try…except…语句

在 Python 中使用 try 和 except 关键字可以构建最基本的异常处理程序，其语法格式为：

try:
> 语句块 **1**

except :
> 语句块 **2**

其中，由关键字 try 引导的语句块 1 是需要对其进行异常捕获的程序，即语句块 1 中的程序在运行过程中如果产生了异常，就会运行由关键字 except 引导的语句块 2。程序如例 7_2 所示。

```
# 例 7_2 带异常处理机制的输出两个整数的实数商
a=36
nums=[2,4,0,3]
for num in nums:
    try:
        print(f"{a}/{num}={a/num}")
    except:
        print("No! 程序发生了异常")
```

上述程序的运行结果如下：

```
36/2=18.0
36/4=9.0
No! 程序发生了异常
36/3=12.0
```

观察程序的运行结果可知，36 除以列表 lst 中每个元素的结果都输出在了屏幕上，同时当 36 除以列表 lst 第三个元素 0 时产生了异常，此时由关键字 except 引导的语句块被运行，即在屏幕上输出了友好的错误提示而不是 Python 默认的错误提示信息。

在 Python 中，我们可以通过在关键字 except 后添加错误的类型以捕获不同类型的异常，从而执行不同的语句块。具体的语法格式如下：

try:
> 语句块 **1**

except 异常 1:
> 语句块 **2**

[except 异常 2:
> 语句块 **3**

……]

[except:
> 语句块 *n*]

如果想构造上述结构的异常处理程序，当关键字 try 引导的语句块 1 发生异常时，将逐一搜索关键

< 128 >

字 except 引导的异常类型；如果产生的错误与 except 引导的异常类型匹配，则运行对应的语句块，否则运行没有指定异常类型的 except 关键字所包含的语句块 n。要特别注意，没有指定异常类型的 except 和其引导的语句块 n 必须放在该结构的最后。程序如例 7_3 所示。

```python
# 例 7_3 在程序中处理不同类型的异常
a=36
nums=[2,4,0,3]
for i in range(5):
    try:
        print(f"{a}/{nums[i]}={a/nums[i]}")
    except ZeroDivisionError:
        print("除数不能为 0")
    except IndexError:
        print("访问的序号超出了有效范围")
    except:
        print("发生了其他的异常")
```

上述程序的运行结果如下：

```
36/2=18.0
36/4=9.0
除数不能为 0
36/3=12.0
访问的序号超出了有效范围
```

观察运行结果可知，上述程序在运行中，总共产生了两次异常：第一次是当循环变量 I 的值为 2 时，发生除数为 0 的异常；第二次是当循环变量 i 的值为 4 时，由于列表 nums 只有 4 个元素，最大下标是 3，发生了访问的序号超出了有效范围的异常。

7.1.2　异常处理中的 else…语句

在构建包含异常处理机制的程序结构时，还可以在其中添加以关键字 else 引导的部分，其语法格式如下：

> **try:**
> 　　　语句块 1
> **except　异常 1:**
> 　　　语句块 2
> **[except　异常 2:**
> 　　　语句块 3
>
> **……]**
> **[except:**
> 　　　语句块 n]
>
> **[else:**
> 　　　语句块 e]

由关键字 else 引导的语句将会在 try 引导的语句块没有产生任何异常时被运行。例如，在例 7_3 中加入 else 引导的语句块，可以得到例 7_4 所示的程序。

```python
# 例 7_4 加入 else 语句的异常处理示例
a=36
nums=[2,4,0,3]
for i in range(5):
```

< 129 >

```
try:
    print(f"{a}/{nums[i]}={a/nums[i]}")
except:
    print("No! 程序发生了异常")
else:
    print("Yeah! 程序没有发生异常")
```

上述程序的运行结果如下：

```
36/2=18.0
Yeah! 程序没有发生异常
36/4=9.0
Yeah! 程序没有发生异常
No! 程序发生了异常
36/3=12.0
Yeah! 程序没有发生异常
No! 程序发生了异常
```

观察上述运行结果可知，当 try 引导的语句块中的除法正常运行后，Python 又运行了 else 引导的语句块，但是当 try 引导的语句块在运行时发生异常时，else 引导的语句块就会被忽略。

7.1.3 异常处理中的 finally…语句

在构建包含异常处理机制的程序结构时，还可以在其中添加以关键字 finally 引导的部分，其语法格式如下：

try:
　　语句块 1
except 异常 1:
　　语句块 2
[except 异常 2:
　　语句块 3

……]

[except:
　　语句块 *n*]

[else:
　　语句块 *e*]

[finally:
　　语句块 *f*]

由关键字 finally 引导的语句块放在整个结构的最后，无论之前由关键字 try 引导的语句块有没有发生异常，程序最后都会去运行由关键字 finally 引导的语句块。finally 引导的程序一般会用来释放 try 语句块中已运行程序所占用的各类计算机资源，防止由于计算机资源耗尽而导致整个计算机系统崩溃。例如，在例 7_3 中加入 finally 引导的语句块，可以得到例 7_5 所示的程序。

```
# 例 7_5 加入 finally 语句的异常处理示例
a=36
nums=[2,4,0,3]
for i in range(5):
    try:
        print(f"{a}/{nums[i]}={a/nums[i]}")
    except:
```

< 130 >

```
        print("No! 程序发生了异常")
    finally:
        print(f"这是第{i}次循环")
```

上述程序的运行结果如下：

```
36/2=18.0
这是第 0 次循环
36/4=9.0
这是第 1 次循环
No! 程序发生了异常
这是第 2 次循环
36/3=12.0
这是第 3 次循环
No! 程序发生了异常
这是第 4 次循环
```

观察上述运行结果可知，无论关键字 try 引导的语句块是否产生异常，finally 中的语句块都会被运行。

7.1.4　异常处理中的 raise 语句

通过之前的学习可以知道，由关键字 try 引导的语句块在运行时如果遇到异常，Python 会隐藏默认的错误提示信息，取而代之的是去执行由 except 关键字引导的语句块。显然，这样做的好处是程序的使用者无须面对晦涩难懂的错误提示信息。但是对于程序员来说，看不到程序的错误提示信息就无法对程序进行有效的纠错，此时需要使用 raise 语句主动将错误提示信息输出在屏幕中，其语法格式为：

raise [异常对象]

如果 raise 语句中没有指定的异常对象，raise 会重新引发当前作用域内最后一个激活的异常。例如，在例 7_3 中 except 引导的语句块中加入 raise 语句，可以得到例 7_6 所示的程序。

```
# 例 7_6 加入 raise 语句的异常处理示例
a=36
nums=[2,4,0,3]
for i in range(5):
    try:
        print(f"{a}/{nums[i]}={a/nums[i]}")
    except:
        print("No! 程序发生了异常")
        raise
```

上述程序的运行结果如下：

```
36/2=18.0
36/4=9.0
No! 程序发生了异常
Traceback (most recent call last):
  File "全书范例代码/例7_6.py", line 6, in <module>
    print(f"{a}/{nums[i]}={a/nums[i]}")
ZeroDivisionError: division by zero
```

观察上述运行结果可知，在循环进行到 i=2 时，将从 nums 列表中取出序号为 2 的元素作为除数进行除法运算，此时产生了类型为 ZeroDivisionError 的错误，程序继而运行由关键字 except 引导的语句块，在输出了指定的提示信息后，再由 raise 语句在屏幕上输出详细的错误提示信息，最后整个程序停止了运行。

< 131 >

7.2 断言与 assert 语句

断言与 assert 语句

断言是 Python 提供给程序员的另外一个强大的错误调试工具。所谓断言，就是通过对程序员指定的表达式进行逻辑值判定，如果表达式的运算结果为 True 则程序不采取任何措施，否则触发 AssertionError（即断言异常）。assert 语句的语法格式为：

assert 断言表达式

如果断言表达式的运算结果为 False，就会产生 AssertionError 异常，该异常可以被捕获并处理；如果断言表达式的值为 True，则不采取任何措施。例如，例 7_7 中包含的 assert 语句中的断言表达式的值均为 True，所以程序不会产生任何异常。

```
# 例 7_7 不会产生断言异常的语句示例
assert 1 == 1
assert 2+2 == 2*2
assert len(['my boy',12]) < 10
assert list(range(4)) == [0,1,2,3]
```

而例 7_8 程序中包含的 assert 语句中的断言表达式的值均为 False，无论哪一个单独出现在程序中，都会抛出 AssertionError 异常。

```
# 例 7_8 将会产生 AssertionError 异常的语句示例
assert 2 == 1
assert len([1, 2, 3, 4]) > 4
```

在实际的计算过程中，往往对用户输入的数据有一定的要求，例如在计算三角形的面积时，需要先判定 3 条边的数值是否满足构成三角形的条件，此时我们就可以在程序中使用断言来判定该条件是否成立。程序如例 7_9 所示。

```
# 例 7_9 求三角形的面积，通过断言判断用户输入的正确性
a,b,c = eval(input("请输入三角形的 3 条边的数值，以逗号分隔："))
assert a>0 and b>0 and c>0              # 每条边的边长都应该满足大于 0 的条件
assert a+b>c and b+c>a and c+a>b        # 且三角形的两边之和必须大于第三边
p = (a + b + c)/2
s = (p * (p-a) * (p-b) * (p-c))**0.5
print(f"边长为{a},{b},{c}的三角形的面积为：{s}")
```

上述程序在计算三角形面积之前，会先去检验 assert 语句中的断言表达式是否成立，如果输入的数据不满足构成三角形的条件，则会产生断言异常，例如：

```
请输入三角形的 3 条边的数值，以逗号分隔：1,2,3
Traceback (most recent call last):
  File "全书范例代码/例 7_9.py", line 4, in <module>
    assert a+b>c and b+c>a and c+a>b
AssertionError
```

否则，如果输入的数据满足了构成三角形的条件，程序就可以正常运行，例如：

```
请输入三角形的 3 条边的数值，以逗号分隔：3,4,5
边长为 3,4,5 的三角形的面积为：6.0
```

为了让例 7_9 程序具有更友好的错误提示，我们可以在其中引入异常处理机制。程序如例 7_10 所示。

```
# 例 7_10 求三角形的面积，通过断言判断用户输入的正确性，并进行友好提示
try:
```

< 132 >

```
    a,b,c = eval(input("请输入三角形的 3 条边的数值，以逗号分隔: "))
    assert a>0 and b>0 and c>0
    assert a+b>c and b+c>a and c+a>b
except AssertionError:
    print("您输入的 3 条边的数值不能构成三角形")
else:
    p = (a + b + c)/2
    s = (p * (p-a) * (p-b) * (p-c))**0.5
    print(f"边长为{a},{b},{c}的三角形的面积为: {s}")
```

以上程序在输入错误边长时的运行结果如下：

请输入三角形的 3 条边的数值，以逗号分隔: 1,2,3
您输入的 3 条边的数值不能构成三角形

7.3　文件操作

文件操作

　　文件是计算机中用来长期保存数据的容器。文件中可以存储很多类型的数据，如文字、图片、音乐、计算机程序、电话号码表等类型的数据都可以存在文件里面。为了能够达到长期保存数据的目的，文件在不被使用的时候是存放在外存储器中的，只有需要使用文件中数据的时候，文件才会被计算机读取到内存中，并且在使用完后，还需要将外存储器中的文件内容更新至与内存中的最新状态一致。

　　大多数操作系统的文件名包含两个部分，在文件名中通常用一个点（.）进行分隔，点之前的部分（被称为主文件名）用于区分文件对象，点后面的部分（被称为文件的扩展名）用于表示文件的类型。为了找到外存储器中文件所处的位置而经历的一系列文件夹序列称为路径，如 C:/Windows/regedit.exe 和 D:/python/chapter7/data.txt 等文件位置的描述都包含了正确的文件路径信息，其中，.exe 和.txt 表示文件的扩展名，分别表示 regedit.exe 是一个可执行文件，而 data.txt 是一个文本文件。

　　在知道文件所在位置的路径和文件名之后，便可以对文件进行相应的操作，完整的文件操作一般包括如下几步。

　　（1）打开文件。
　　（2）读取文件中的数据或将指定的数据写入文件。
　　（3）关闭文件。

　　上述步骤表示：在操作文件对象之前，必须先打开文件，然后进行文件的读写操作，最后还必须关闭文件，以释放对文件的占用，让其他的程序能够对其进行正常访问。其中，读取文件中数据的操作和将指定的数据写入文件的操作是最主要的文件操作，在接下来的章节中分别进行介绍。

7.3.1　文件的打开与关闭

　　通过内置函数 open()可以完成打开文件的操作，其语法格式为：

open(file, mode='r', encoding=None)

其中，open()函数的第一个参数 file 用于指定文件的所在位置，即文件的路径和文件名，如果省略文件路径，则表示操作的文件与当前程序文件在同一个文件夹下，第二个参数 mode 用于指定打开文件的模式，第三个参数 encoding 表示文本文件的编码方式。常见的用于指定文件打开模式的字符如下。

　　'r'：代表以读取模式打开文件。若指定的文件不存在，则会引发程序错误。

< 133 >

'r+': 代表对'r'模式增加了写入数据的能力。

'w': 代表以写入模式打开文件，该模式将抹去已有文件中之前的内容。若指定的文件不存在，则会在该位置创建新文件。

'w+': 代表对'w'模式增加了读取数据的能力。

'x': 代表以排他性创建文件的写入模式打开文件。排他性创建指的是参数 file 指定的文件之前必须不存在，如果已经存在则会引发程序错误。

'x+': 代表对'x'模式增加了读取数据的能力。

'a': 代表以追加写入模式打开文件，追加的内容会放置在文件末尾。

'a+': 代表对'a'模式增加了读取数据的能力。

't': 代表以文本模式打开文件，即读取和写入的内容都是字符串数据。

'b': 代表以二进制模式打开文件，即读取和写入的内容都是二进制数据。

open()函数被调用时，如果没有指定是使用文本模式't'还是二进制模式'b'打开文件，默认都是使用文本模式't'打开文件对象。

一个文件在程序中被打开，也称该文件被这段程序占用，此时如果其他程序也来操作同一个文件，会造成操作冲突，因此在程序中不再需要操作文件对象时，需要及时将其关闭。关闭文件的方法是使用文件对象的 close()方法，该方法的语法格式为：

file. close()

其中，变量 file 指的是已打开的文件对象，例 7_11 程序中包含了打开和关闭文件的程序示例。

```python
# 例 7_11 打开和关闭文件的操作
try:
    file = open("something.txt")        # 默认的打开模式是'rt'，即读取文本文件模式
except:
    print("以读取模式打开文件失败，无须关闭文件对象")
else:
    print("以读取模式打开文件成功，需要关闭文件对象")
    file.close()

try:
    file = open("something.txt",'w')
except:
    print("以写入模式打开文件失败，无须关闭文件对象")
else:
    print("以写入模式打开文件成功，需要关闭文件对象")
    file.close()

try:
    file = open("something.txt",'x')
except:
    print("以排他性创建模式打开文件失败，无须关闭文件对象")
else:
    print("以排他性创建模式打开文件成功，需要关闭文件对象")
    file.close()
```

上述程序在初次被运行时的运行结果如下：

```
以读取模式打开文件失败，无须关闭文件对象
以写入模式打开文件成功，需要关闭文件对象
以排他性创建模式打开文件失败，无须关闭文件对象
```

观察程序的运行结果可知，由于程序中 open()函数指定的文件对象是当前目录下的 something.txt 文

< 134 >

件，而初次运行此程序时，该文件并不存在，因此在以读取模式 'r' 打开该文件时产生了文件不存在的异常，从而运行关键字 except 引导的异常处理程序，在屏幕中输出了打开失败，无须关闭文件的提示。之后，因为以写入模式 'w' 打开文件时，即便文件不存在，open()函数也会在对应位置创建新文件，所以程序没有产生异常，并完成了关闭文件对象的操作。最后，由于文件 something.txt 已经被创建，此时若以排他性创建模式 'x' 打开该文件，则会引发文件已经存在的异常，继而在屏幕中输出了打开文件失败的提示信息。

7.3.2　写文件操作

打开文件后，使用文件对象的 write()方法即可进行数据的写入操作，其语法格式为：

file.write(s)

其中，参数 s 表示即将写入文件中的数据内容。例 7_12 程序演示了一个打开文件、写文件、关闭文件的完整示例。

```
# 例 7_12 写文件操作示例
wfile = open("animal.txt", 'w')    #以写入模式打开文件 animal.txt，得到文件操作对象 wfile
wfile.write("Tiger\n")             #在文件中写入一行字符串"Tiger"
wfile.write("Dog\n")              #在文件中写入一行字符串"Dog"
wfile.write("Cat\n")              #在文件中写入一行字符串"Cat"
wfile.close()                     #文件写入完毕，关闭文件
```

以上程序运行之后，会在当前文件夹下创建一个名为 animal.txt 的文件，并在文件中写入 3 行字符串，分别为"Tiger""Dog""Cat"。如果该文件已经存在，则之前的文件内容将会被抹去。

接着，语句 wfile.write("Tiger\n")调用文件对象 wfile 的 write()方法将字符串"Tiger"写入文件中，并且由于 write()方法并不会为写入的数据加上换行符，因此需要主动在字符串"Tiger"的末尾加上转义字符"\n"，用于在文本文件中进行换行。

数据写入完后，程序调用文件对象 wfile 的 close()方法，用于关闭文件并释放其占用的计算机资源，文件对象被关闭后就无法再对其进行操作。

若要对例 7_12 程序运行后产生的 animal.txt 文件中的内容进行追加，此时可以使用如下程序。

```
# 例 7_13 以追加方式打开文件示例
wfile = open("animal.txt", 'a')
wfile.write("Horse\n")
wfile.write("Cow\n")
wfile.write("Sheep\n")
wfile.close()
```

上述程序以追加模式 'a' 打开文件，程序运行后会在文件"animal.txt"的末尾追加 3 行新的字符串数据，即"Horse""Cow""Sheep"。与写入模式 'w' 类似，以追加模式 'a' 打开文件时，如果被打开的文件不存在，则会在该位置创建文件。

7.3.3　读文件操作

为了读取上一节中写入文件中的数据，在打开文件时，需要指定 open()函数的参数为打开模式 'r'。打开文件后可以使用文件对象的 read()方法读取文件内容，该方法的语法格式为：

file. read(size=-1)

其中，参数 size 表示从文件中读取的字符个数，如果没有指定，则表示读取文件中的所有内容。如果 read()方法的返回内容为空字符串，表示文件中已经没有数据可读取。程序如例 7_14 所示。

< 135 >

```
# 例 7_14 读文件操作示例
rfile = open("animal.txt", 'r')
text = rfile.read()
rfile.close()
print(text)
```

上述程序中使用读取模式'r'打开当前文件夹下的文本文件 animal.txt，之后调用文件对象的 read() 方法从文件中读取所有内容并与变量 text 进行关联，读取完后关闭文件对象，最终将获得的文本输出到屏幕上，如下所示。

```
Tiger
Dog
Cat
Horse
Cow
Sheep
```

对于文本文件，除了使用文件对象的 read()方法以外，还可以用 readline()方法和 readlines()方法读取文件中的内容，这两个方法的语法格式为：

file.readline()

和

f.readlines()

文件对象的 readline()方法表示从文件中读取一行。当该方法的返回内容为空字符串时，表示文件中已经没有数据可读取。程序如例 7_15 所示。

```
# 例 7_15 使用 readline()方法读取文件的一行
rfile = open("animal.txt")
line1=rfile.readline()
line2=rfile.readline()
rfile.close()
print(line1)
print(line2)
```

上述程序的运行结果如下：

```
Tiger

Dog
```

观察程序的运行结果可知，程序中通过调用文件对象的 readline()方法分别读取了文件中的第一行和第二行的内容，并将其赋值到变量 line1 和 line2 中。需要注意的是，由于文件中的每一行文字的最后包含一个换行符且 print()函数默认也会输出一个换行符作为结束，这样就导致在运行结果中出现了多余的空行。

文件对象的 readlines()方法表示以列表的形式返回文件中的所有行。程序如例 7_16 所示。

```
# 例 7_16 使用 readlines()方法读取文件中的所有行
rfile = open("animal.txt")
lines=rfile.readlines()
rfile.close()
print(lines)
```

上述程序的运行结果如下：

```
['Tiger\n', 'Dog\n', 'Cat\n', 'Horse\n', 'Cow\n', 'Sheep\n']
```

观察程序的运行结果可知，文件对象的 readlines()方法将读取文件中的所有行，并返回一个列表对

< 136 >

象，其中的每一个元素就是文件中的一行文本。与 readline()方法类似，每行文本之后依然会保留原始数据中的换行符"\n"。

　　同时，由于文件对象本身也是一个可迭代对象，如果希望以最简单的方式对文件中的内容进行迭代，我们可以直接构造迭代循环对文件对象进行遍历，此时循环变量对应的就是文件中的每一行文本。程序如例 7_17 所示。

```
# 例 7_17 对文件对象进行迭代读取文件中的所有行
rfile = open("animal.txt")
for line in rfile:
    print(line,end = '')
rfile.close()
```

　　上述程序的运行结果如下：

```
Tiger
Dog
Cat
Horse
Cow
Sheep
```

　　观察程序的运行结果可知，对文件对象的每一次迭代，即可获取文件中的一行文本，同时由于在程序中对 print()函数添加了 end=''的参数，即以空字符串替换默认的换行符作为每次输出的结尾，因此程序的运行结果中不再包含多余的空行。

7.3.4　上下文管理器与 with 语句

　　在编写有关文件读取的程序时，如果在读写过程中产生了错误，将会导致程序不能及时将打开的文件关闭，程序如例 7_18 所示。

```
# 例 7_18 读写过程中的错误将会影响文件的关闭
file = open("log.txt","w")
a = 36
lst = [2,4,0,3]
for num in lst:
    file.write(f"{a}/{num}={a/num}\n")
file.close()
```

　　上述程序的运行结果如下：

```
Traceback (most recent call last):
  File "全书范例代码/例 7_18.py", line 10, in <module>
    file.write(f"{a}/{num}={a/num}\n")
ZeroDivisionError: division by zero
```

　　上述程序在进行 36/0 的运算过程中会产生除数为 0 的错误，这样将导致程序立刻停止运行。显然，之后的文件关闭语句 file.close()也没有被运行，这就意味着在该程序中打开的文件对象没有被正确关闭；如果此时有其他程序也要对该文件进行操作就会引发错误，带来一系列的不良后果。

　　为了解决上述问题，我们可以在例 7_18 的程序中引入异常处理机制，无论程序是否遇到了错误都必须保证文件对象被正确关闭。程序如例 7_19 所示。

```
# 例 7_19 在文件读写操作中引入异常处理机制
try:
    file = open("log.txt","w")
    a = 36
    lst = [2,4,0,3]
```

< 137 >

```
    for num in lst:
        file.write(f"{a}/{num}={a/num}\n")
finally:
    if not file.closed:
        file.close()
```

上述程序中，在关键字 finally 引导的语句块中加入了 file.close()方法，这意味着无论程序中是否产生异常，都可以保证文件对象能够正确关闭。需要注意的是，file.close()方法只能对已经打开的文件对象进行关闭操作，所以在该语句的前方还需要通过使用文件对象的 closed 属性对文件对象的打开状态进行判断，该属性值为 True 时表示文件对象已关闭，否则表示文件对象尚未关闭。

Python 语言为了简化上述程序，提出了上下文管理器机制，即由 Python 帮助程序员管理程序中的各种资源，无须程序员构造相应的关闭资源对象的语句。为了定义上下文管理器，我们需要使用 with 关键字，其语法格式为：

with　资源对象 [as　别名]:

　　语句块

使用上下文管理器对例 7_19 的程序进行改造，程序如例 7_20 所示。

```
# 例 7_20 使用上下文管理器管理文件对象
with open("log.txt","w") as file:
    a = 36
    lst = [2,4,0,3]
    for num in lst:
        file.write(f"{a}/{num}={a/num}\n")
```

通过对比例 7_20 和例 7_19，不难看出使用了上下文管理器的程序具有更简单的结构和更好的可读性。其中，with 语句的作用是无论其引导的语句块是否产生错误，最终都会释放已运行程序占用的资源，以保证不会因为资源占用引发其他问题。

7.4 本章小结

本章介绍了异常处理、断言、文件处理的相关知识。

异常处理机制用于改善程序运行时出现错误的用户体验。通过关键字 try、except、else 和 finally 可以构建用于异常处理的相应程序。其中，try 语句用于包含可能引发异常处理的程序；如果该程序产生异常，则使用 except 捕获异常并运行对应的程序；如果该程序没有产生异常，则运行 else 引导的语句块；不管该程序是否发生异常，以 finally 引导的语句块都会被运行。

本章小结

Python 中表示断言的是 assert 语句。如果 assert 引导的表达式结果为 False，则会抛出 AssertionError 异常。断言用于限定程序顺利运行的前提条件，如果前提条件不满足，则使程序提前结束。

文件操作包括打开文件、写文件、读文件、关闭文件等操作。使用内置函数 open()可以打开文件对象，该函数的第一个参数是包含文件路径和文件名的字符串，第二个参数是文件打开模式；使用文件对象的 close()方法可将打开的文件对象关闭；使用文件对象的 write()方法可以对文件进行内容的写入；文件对象中有关文件读取的 3 个方法分别是用于读取文件中全部内容的 read()方法、用于读取一行内容的 readline()方法以及用于将文件内容按行存入列表对象的 readlines()方法。由于操作文件时可能会产生各种异常，因此通常需要用 try…finally…语句进行文件关闭的操作，以释放程序运行时打开的文件资源。为了简化上述结构，程序员可以使用 with 语句构建上下文管理器，让 Python 帮助程序员自动完成资源的释放。

< 138 >

7.5 课后习题

一、单选题

1. Python 语言将文件分为两类，分别是（　　　）。
   A. 文本文件和二进制文件
   B. 文本文件和数据文件
   C. 数据文件和二进制文件
   D. 以上答案都不对

2. 若用 open()函数打开一个文本文件，文件不存在则创建，存在则完全覆盖，则 open()函数中指定的文件打开模式是（　　　）。
   A. 'r'
   B. 'x'
   C. 'w'
   D. 'a'

3. 若要对 E 盘下 myfile 目录中的文本文件 abc.txt 进行读操作，则文件打开模式及语句应为（　　　）。
   A. open("E:\myfile\abc.txt", 'r')
   B. open("E:\myfile\abc.txt", 'x')
   C. open("E:\myfile\abc.txt", 'rb')
   D. open("E:\myfile\abc.txt", 'r+')

4. 以下选项中，文件打开模式（　　　）为二进制文件只读模式。
   A. 'rb'
   B. 'wb'
   C. 'ab'
   D. 'r+'

5. 下列选项中，方法（　　　）在读取文件内容后返回的是列表类型的数据对象。
   A. readline()
   B. read()
   C. readlines()
   D. 以上选项都不正确

6. Python 中，使用 read(size)方法读取文本文件中的数据时，表示的是（　　　）。
   A. 从文件中读取指定 size 行字符，如果 size 为负数，则从文件尾部向前读取 size 个字符
   B. 从文件中读取指定 size 个字符，如果 size 为负数，则从文件尾部向前读取 size 个字符
   C. 从文件中读取指定 size 行字符，如果 size 为负数，则读取到文件结束
   D. 从文件中读取指定 size 个字符，如果 size 为负数，则读取到文件结束

7. 在包含异常处理的程序中，如果没有发生异常，则会执行关键字（　　　）引导的语句块。
   A. try
   B. except
   C. finally
   D. else

8. 以下程序，在运行时输入"yes"后，运行结果是（　　　）。

```
try:
    x=eval(input())
    print(x**2)
except NameError:
    print("ok")
```

   A. yes
   B. ok
   C. 程序出错
   D. 没有输出

9. 下列异常类型中，（　　　）用来处理表达式中有除数为 0 的情况。
   A. SyntaxError
   B. NameError
   C. ZeroDivisionError
   D. IndexError

10. 若运行以下语句，则 Python 解释器会提示产生了类型为（　　　）的异常。

```
>>> 10000 + 'Hello'
```

   A. SyntaxError
   B. NameError
   C. IndexError
   D. TypeError

二、填空题

1. 使用 open("f1.txt",'a')打开文件时，若文件不存在，则会＿＿＿＿＿＿＿＿（创建文件/产生错误）。

2. readlines()方法的功能是读取文本文件中的所有内容，并将读入的内容放入一个列表中，列表中的每一个元素是文件中包含的＿＿＿＿＿＿＿＿（一个字符/一个单词/一句话/一行文本）。

< 139 >

3. Python 语言支持在程序中使用异常处理机制，其中使用关键字_____引导可能引发异常的语句块，使用关键字_____可以分别捕获特定类型的异常并运行其引导的语句块，使用关键字_____引导没有发生异常时需要运行的语句块，使用关键字_____引导无论异常有没有发生都会运行的语句块。

4. Python 语言中，_____语句用于引发指定异常。如果该语句中没有指定异常对象，则会重新引发当前作用域内最后一个激活的异常。

5. 断言是 Python 提供给程序员的另外一个强大的错误调试工具。所谓断言，就是通过对程序员指定的表达式进行逻辑值判定，如果表达式的运算结果为 True 则程序不采取任何措施，否则触发 AssertionError（即断言异常），关键字_____用来在程序中引导断言表达式。

6. Python 中的上下文管理器是一种资源管理机制，它可以帮助程序员自动分配且释放程序中涉及的资源。如果需要使用上下文管理器来管理资源，我们需要将打开和使用资源的部分放在由关键字_____引导的语句块内。

7. 在不使用上下文管理器进行资源自动管理的程序中，我们需要及时关闭各类已打开的资源对象。如果要在程序中关闭一个已打开的文件对象，此时可以使用该文件对象的_____方法。

三、编程题

编写 Python 程序，完成以下要求效果：从键盘输入两个数进行相除，输出除法运算的商和余数。当输入串中含有非数字时或除数为 0 时，系统通过异常处理机制提示用户出现相应错误。

输入样例1：

5,a

输出样例1：

异常：输入的数据有误

输入样例2：

5,0

输出样例2：

异常：除数为 0

输入样例3：

36,5

输出样例3：

36/5=7 余 1

< 140 >

第**8**章 面向对象程序设计

学习目标
- 掌握定义类的方法。
- 掌握创建和使用对象的方法。
- 掌握类继承的概念和使用方法。

设计一个功能强大且易于被人们掌握的程序设计语言，一直是程序设计语言发展的目标。早期的程序设计语言是面向过程（procedure oriented）的，其主要设计目标是解决现实中的某个具体的计算问题，而现在流行的大多数程序设计语言是面向对象（object oriented）的，这类语言的设计目标是用计算机程序来描述现实世界某类问题的相关特征，从而提升计算机程序解决实际问题的能力。Python 正是众多面向对象的程序设计语言之一。

8.1 类和对象

面向对象程序设计是尽可能模拟人类的思维方式，使得软件的开发方法与过程尽可能接近人类认识世界、解决现实问题的方法和过程，是最有效的程序设计方法之一。人类通过将事物进行分类来认识世界。例如，将自然界中的事物分为生物和非生物，将生物分为动物、植物、微生物，将动物分为有脊椎动物和无脊椎动物，继而又分为哺乳类、鸟类、鱼类、爬行类等，其

类和对象

中，哺乳类又分为猫、狗、牛、羊等。每一个类的个体都具有一些相同的属性，在面向对象程序设计中，个体被称为**对象**或**实例**。

在面向对象程序设计中，可以用程序表示现实世界中的类，并基于这些类来创建对象。编写一个类的程序时，程序员需要定义类的对象都有的通用行为，之后基于定义好的类创建对象时，每个对象都自动具备这种通用行为，然后根据实际需要赋予每个对象独特的个性。

由类的定义来创建对象的过程被称为实例化。本章将介绍如何在程序中定义类，并创建这些类的对象，在对象中存储与之有关的信息，并调用对象的方法完成指定的操作，以及通过类的继承实现代码共享的方法。

8.1.1 类的定义与实例化

Python 语言中使用关键字 class 定义类，其语法格式为：

class 类名:
    类的定义语句

由上述语法格式可知，一个最简单的类的定义可以是这样的：

```
# 例 8_1 最简单的类的定义
class Person:
    pass
```

例 8_1 所示程序中，定义了一个名为 Person 的类，这个类没有任何具体的内容。如果希望创建该类的对象，即对类进行实例化，可以使用如下代码。

```
# 例 8_2 创建类的对象
class Person:
    pass

p1 = Person()
print(p1)
print("p1 是 Person 类的对象: ",isinstance(p1,Person))
```

例 8_2 所示程序中还使用了内置函数 isinstance()，该函数用于检测对象和类之间的关系，其语法格式为：

isinstance(object, classinfo)

其中，如果参数 object 是参数 classinfo 的实例则返回 True，否则返回 False。如果参数 classinfo 是类型对象元组，那么如果参数 object 是其中任何一个类型的实例就返回 True。

例 8_2 程序的运行结果如下：

```
<__main__.Person object at 0x7fb25f5f3280>
p1 是 Person 类的对象: True
```

观察上述运行结果可知，程序中只需在类名的后面加上一个圆括号，即可用于创建该类的一个对象。例 8_2 程序中创建了一个 Person 类的对象，并对其是否是 Person 类的实例进行了判定。

Python 语言中，创建对象的过程，其本质就是去调用定义在类中的一个特殊方法 __init__()，该方法的第一个参数用于表示对象本身，其后的参数用于接收实例化过程中对象属性的初始值。程序如例 8_3 所示。

```
# 例 8_3 在实例化中为对象添加属性
class Person:
    def __init__(self,name,gender,age):
        self.name=name
        self.gender=gender
        self.age=age
        print(f'一个名为{self.name}的人类对象诞生了')

p1 = Person("Tom","male",19)
p2 = Person("Jack","male",20)
p3 = Person("Rose","female",18)
```

上述程序的运行结果如下：

```
一个名为 Tom 的人类对象诞生了
一个名为 Jack 的人类对象诞生了
一个名为 Rose 的人类对象诞生了
```

观察程序的运行结果可知，在 Person 类中，我们定义了 __init__()方法，该方法的参数中除了表示对象自身的参数 self 以外，还有用于接收姓名、性别和年龄初始数据的参数 name、gender 和 age。根据上述定义，在接下来的创建 Person 对象的代码中，给出了 3 组不同的姓名、性别和年龄的初始值，以完成对 __init__()方法的正确调用。例 8_3 程序中 __init__()方法的功能，就是通过一组赋值语句将参数值逐一赋予当前对象的各个属性，其中赋值号左边的表达式 "self.属性名" 表示的是对象的各个属性，赋值号右边的表达式则代表了对应的参数。

< 142 >

创建了 Person 类的对象后，就可以在程序中访问对象的各个属性，其程序如例 8_4 所示。

```
# 例 8_4 访问对象的属性
class Person:
    def __init__(self,name,gender,age):
        self.name = name
        self.gender = gender
        self.age = age
        print(f'一个名为{self.name}的人类对象诞生了')

p1 = Person("Tom","男",19)
print(f"{p1.name}说: 大家好, 我是{p1.name}, 我是{p1.gender}生, 我{p1.age}岁")
```

上述程序的运行结果如下：

```
一个名为 Tom 的人类对象诞生了
Tom 说: 大家好, 我是 Tom, 我是男生, 我 19 岁
```

观察程序的运行结果可知，调用对象的属性或者方法可以使用如下语法格式：

对象名.属性名

其中，运算符 . 被称为成员运算符，表示了对象和属性之间的所属关系，我们可以将其理解为自然语言中的"的"。

类的定义中，除了 __init__()方法用于进行实例化的操作，程序员还可以定义其他的方法表示该类的对象所具备的各种功能。程序如例 8_5 所示。

```
# 例 8_5 调用对象的方法
class Person:
    def __init__(self,name,gender,age):
        self.name = name
        self.gender = gender
        self.age = age
        print(f'一个名为{self.name}的人类对象诞生了')
    def eat(self,food):
        print(f'{self.name}在吃{food}')
    def run(self):
        print(f'{self.name}在跑')
    def sleep(self):
        print(f'{self.name}在睡觉')

p1 = Person("Tom","男",19)
print(f"{p1.name}说: 大家好, 我是{p1.name}, 我是{p1.gender}生, 我{p1.age}岁")
p1.run()
p1.eat("牛奶巧克力")
p1.sleep()
```

上述程序是对例 8_4 进行的补充，在 Person 类中定义了分别代表吃、跑和睡觉的方法，其运行结果如下：

```
一个名为 Tom 的人类对象诞生了
Tom 说: 大家好, 我是 Tom, 我是男生, 我 19 岁
Tom 在跑
Tom 在吃牛奶巧克力
Tom 在睡觉
```

< 143 >

观察上述代码及其运行结果可知，在类的定义中进行方法的定义与之前定义函数的方法类似，都使用了关键字 def；不同的是在方法的定义中，第一个参数必须是代表对象本身的参数 self，同时在方法调用时，并不需要对参数 self 进行参数传递，Python 会将参数 self 关联至调用该方法的具体对象。

8.1.2　以默认值进行实例化

__init__()方法的定义中，代表各属性初始值的参数也可以使用默认参数值，程序如例 8_6 所示。

```
# 例 8_6 在 __init__()方法中使用参数默认值
class Person:
    def __init__(self,name,gender = '男',age = 19):
        self.name = name
        self.gender = gender
        self.age = age
        print(f'一个名为{self.name}的人类对象诞生了')

p1 = Person('Tom')
print(f"{p1.name}说：大家好，我是{p1.name}，我是{p1.gender}生，我{p1.age}岁")
```

上述程序在 __init__()方法中，为 gender 属性和 age 属性设置了参数默认值。此时，在实例化 Person 对象的时候就可以不需要给出性别和年龄的数据。程序的运行结果如下：

```
一个名为 Tom 的人类对象诞生了
Tom 说：大家好，我是 Tom，我是男生，我 19 岁
```

观察程序的运行结果可知，例 8_6 程序中的 Person 对象在调用__init__()方法进行实例化时，使用了默认性别"男"和默认年龄"19"完成了对象的属性赋值。

8.1.3　属性的添加、修改和删除

对象的属性可以直接使用赋值语句进行添加和修改，同时使用 del 语句可以删除对象的属性。程序如例 8_7 所示。

```
# 例 8_7 操作对象的属性
class Person:
    def say(self):
        print(f"我是{self.name}")

p1 = Person()
p1.name = "Tom"
p1.say()
print("对象的 name 属性变化后：")
p1.name = "Jack"
p1.say()
print("对象的 name 属性删除后：")
del p1.name
p1.say()
```

上述程序中，对象 p1 的 name 属性是在实例化之后通过赋值语句进行设置的，之后又在接下来的赋值语句中被修改，最后被 del 语句删除。程序的运行结果如下：

```
我是 Tom
对象的 name 属性变化后：
我是 Jack
```

< 144 >

对象的 name 属性删除后：

```
Traceback (most recent call last):
  File "全书范例代码/例8_7.py", line 14, in <module>
    p1.say()
  File "全书范例代码/例8_7.py", line 4, in say
    print(f"我是{self.name}")
AttributeError: 'Person' object has no attribute 'name'
```

观察程序的运行结果可知，对象的 name 属性在创建和修改之后都可以正常被输出在屏幕上；只有当其被删除后，程序才产生了错误，提示对象 p1 不包含名为 name 的属性。

与此同时，Python 还提供了一系列内置函数用于操作对象的属性。

（1）内置函数 getattr() 可以用于获取对象的属性，其语法格式为：

getattr(object, name[, default])

其中，参数 object 表示待访问的对象，参数 name 表示对象 object 的某个属性，必须以字符串的形式给出。当参数 name 指定的属性不存在时，函数将返回参数 default 的内容，此时若没有指定参数 default 的内容，则函数在调用时会产生 AttributeError。程序如例 8_8 所示。

```
# 例8_8 使用内置函数getattr()访问对象的属性
class Person:
    def __init__(self,name,gender,age):
        self.name = name
        self.gender = gender
        self.age = age
        print(f'一个名为{self.name}的人类对象诞生了')

p1 = Person("Tom","男",19)
print(f"大家好，我是{getattr(p1,'name')}")
```

上述程序的运行结果如下：

```
一个名为 Tom 的人类对象诞生了
大家好，我是 Tom
```

观察程序的运行结果可知，在 name 属性存在的情况下，getattr(object, name) 与 object.name 的结果是一致的。

（2）内置函数 hasattr() 可以判断对象中是否包含指定的属性，其语法格式为：

hasattr(object, name)

如果参数 object 中包含名为 name 的属性，则函数返回 True，否则返回 False，程序如例 8_9 所示。

```
# 例8_9 使用内置函数hasattr()判断对象的属性是否存在
class Person:
    def __init__(self,name,gender,age):
        self.name = name
        self.gender = gender
        self.age = age
        print(f'一个名为{self.name}的人类对象诞生了')

p1 = Person("Tom","男",19)
print(f"对象p1中包含属性name：{hasattr(p1,'name')}")
print(f"对象p1中包含属性birthday：{hasattr(p1,'birthday')}")
```

上述程序的运行结果如下：

< 145 >

一个名为 Tom 的人类对象诞生了
对象 p1 中包含属性 name：True
对象 p1 中包含属性 birthday：False

观察程序结果可知，对象 p1 中包含代表姓名的属性 name，且不包含代表生日的属性 birthday。

（3）内置函数 setattr() 可以设置对象的属性值，其语法格式为：

setattr(object, name, value)

其中，参数 object 表示待访问的对象，参数 name 表示对象 object 的某个属性，必须以字符串的形式给出，参数 value 表示设置给该属性的属性值。程序如例 8_10 所示。

```
# 例 8_10 使用内置函数 setattr() 设置属性值
class Person:
    def say(self):
        print(f"我是{self.name}")

p1 = Person()
setattr(p1,"name","Tom")
p1.say()
print("对象的 name 属性变化后：")
setattr(p1,"name","Jack")
p1.say()
```

上述程序的运行结果如下：

我是 Tom
对象的 name 属性变化后：
我是 Jack

观察程序结果可知，setattr() 函数的效果与赋值语句的效果类似，利用它可以方便地创建和修改对象的属性值。

（4）内置函数 delattr() 可以删除对象的属性，其语法格式为：

delattr(object, name)

其中，参数 object 表示待访问的对象，参数 name 表示对象 object 的某个属性，必须以字符串的形式给出。程序如例 8_11 所示。

```
# 例 8_11 使用内置函数 delattr() 删除属性
class Person:
    def say(self):
        print(f"我是{self.name}")

p1 = Person()
setattr(p1,"name","Tom")
p1.say()
print("对象的 name 属性删除后：")
delattr(p1,"name")
p1.say()
```

上述程序的运行结果如下：

我是 Tom
对象的 name 属性删除后：
Traceback (most recent call last):
  File "全书范例代码/例 8_11.py", line 12, in <module>
    p1.say()

< 146 >

```
File "全书范例代码/例 8_11.py", line 4, in say
    print(f"我是{self.name}")
AttributeError: 'Person' object has no attribute 'name'
```

观察程序结果可知，内置函数 delattr() 的效果与通过 del 语句删除对象属性的效果一致。

8.1.4　私有属性和私有方法

日常生活中，会需要隐藏对象的某些重要属性，例如人们通常会隐藏自己的身份证号。为了在程序中将属性和方法隐藏在对象中，我们可以将它们定义成私有属性和私有方法，具体的操作是在属性或方法的名称之前加上两条下画线，程序如例 8_12 所示。

```
# 例 8_12 定义私有属性以防止外部访问
class Person:
    def __init__(self,name,gender,age):
        self.__name = name
        self.__gender = gender
        self.__age = age
        print(f'一个名为{self.__name}的人类对象诞生了')


p1 = Person("Tom","男",19)
print(f"对象 p1 中包含属性 name: {hasattr(p1,'name')}")
print(f"对象 p1 中包含属性__name: {hasattr(p1,'__name')}")
```

上述程序中，在 Person 的所有属性名之前，都加上了两条下画线，以表示这些属性都是私有属性，无法在外部程序中被访问。程序的运行结果如下：

```
一个名为 Tom 的人类对象诞生了
对象 p1 中包含属性 name: False
对象 p1 中包含属性__name: False
```

观察程序的运行结果可知，无论是属性 name 还是属性__name，都无法在外部程序中被访问，但是定义在类体中的程序是可以对这些私有属性进行正常访问的。程序如例 8_13 所示。

```
# 例 8_13 通过内部方法对私有属性进行访问
class Person:
    def __init__(self,name,gender,age):
        self.__name = name
        self.__gender = gender
        self.__age = age
        print(f'一个名为{self.__name}的人类对象诞生了')

    def say(self):
        print(f"我是{self.__name}")


p1 = Person("Tom","男",19)
p1.say()
```

上述程序中，类 Person 中定义了 say() 方法用于输出自己的名字，该方法中可以正常对私有属性__name 进行访问。程序的运行结果如下：

```
一个名为 Tom 的人类对象诞生了
我是 Tom
```

< 147 >

要特别注意的是，若在外部程序中对属性__name 进行赋值，等价于创建了一个新的属性，而非对私有属性__name 的修改。程序如例 8_14 所示。

```
# 例 8_14 尝试在外部程序中对私有属性进行修改
class Person:
    def __init__(self,name,gender,age):
        self.__name = name
        self.__gender = gender
        self.__age = age
        print(f'一个名为{self.__name}的人类对象诞生了')

    def say(self):
        print(f"我是{self.__name}")

p1 = Person("Tom","男",19)
p1.__name = "Jack"
p1.say()
```

上述程序的运行结果如下：

```
一个名为 Tom 的人类对象诞生了
我是 Tom
```

观察程序的运行结果可知，对象 p1 的__name 属性的内容并不会受到赋值语句的影响。

8.1.5 类属性

实际编程中，会遇到需要创建某类对象的共有属性的需求，如例 8_15 所示程序中表示学生总数的属性 count，这种可被类的对象共享的属性被称为类属性。

```
# 例 8_15 类属性
class Student:
    count = 0
    def __init__(self,name):
        self.__name = name
        Student.count += 1
        print(f'一个名为{self.__name}的学生对象诞生了')
    def say():
        print(count)

s1 = Student("Tom")
print(f"当前学生总数：{s1.count}")
s2 = Student("Jack")
print(f"当前学生总数：{s2.count}")
```

上述程序的运行结果如下：

```
一个名为 Tom 的学生对象诞生了
当前学生总数：1
一个名为 Jack 的学生对象诞生了
当前学生总数：2
```

观察程序的运行结果可知，对象 s1 和 s2 可以共享对类属性 Student.count 的访问，即对于 Student 类的不同对象 s1 和 s2 来说，类属性 count 关联的是内存中的同一个对象。

当对象中包含与类属性同名的属性时，程序会优先访问对象属性中的内容，其程序如例 8_16 所示。

< 148 >

```
# 例 8_16 类属性和对象属性
class Student:
    name = "学生"

print(f"Student 类的名字是：{Student.name}")
s1 = Student()
print(f"当前学生的名字是：{s1.name}")
s1.name = "Tom"
print(f"当前学生的名字是：{s1.name}")
print(f"Student 类的名字是：{Student.name}")
```

上述程序的运行结果如下：

```
Student 类的名字是：学生
当前学生的名字是：学生
当前学生的名字是：Tom
Student 类的名字是：学生
```

观察程序的运行结果可知，如果在程序中为对象建立了与类属性同名的属性，则会优先访问对象的属性，而且对象属性的改变也不会对类属性中的内容造成任何影响。

8.2 类的继承

面向对象程序设计带来的主要好处之一是代码重用，代码重用的方法之一就是类的继承。一个类继承另一个类时，它将自动获得另一个类的所有属性和方法；被继承的类称为父类，从父类继承得到的类称为子类。子类除了继承其父类的属性和方法以外，还可以定义自己的属性和方法。所以类的继承可以理解为子类在父类的基础上进行了功能的扩展。

类的继承

8.2.1　一个简单的例子

Python 语言中，类的继承是在定义子类时实现的，其语法格式为：

class 子类(父类 1[, 父类 2[, …[, 父类 *n*]]]):

　　类的定义语句

观察上述语法格式可知，Python 中一个子类可继承于多个父类，只需将父类名写入子类名后面的括号中即可。本书以 Person 类和 Student 类演示类的继承关系，其程序如例 8_17 所示。

```
# 例 8_17 类的继承
class Person:
    def __init__(self,name,gender,age):
        self.__name = name
        self.__gender = gender
        self.__age = age
        print(f'一个名为{self.__name}的人类对象诞生了')

    def say(self):
        print(f"我是{self.__name}")
```

< 149 >

```
class Student(Person):
    def __init__(self,name,gender,age,num):
        Person.__init__(self,name,gender,age)
        self.__num = num
        print(f'一个学号为{self.__num}的学生对象诞生了')

s1 = Student("Tom","男",19,"B01")
s1.say()
```

上述程序中首先定义了 Person 类，接着在定义 Student 类的时候，指定 Person 类为其父类，从而完成了对 Person 类的继承。在 Student 类的__init__()方法中，通过调用父类 Person 的__init__方法完成参数 name、gender、age 的初始化工作，然后只需使用新增的参数 num 完成对学号属性的初始化即可。程序的最后创建了 Student 类的对象，并调用了定义在父类中的 say()方法，运行结果如下：

```
一个名为 Tom 的人类对象诞生了
一个学号为 B01 的学生对象诞生了
我是 Tom
```

观察程序的运行结果可知，s1 作为 Student 类的对象，可以顺利完成对 Person 类中已定义方法的调用，证明 Student 类已经完成了对 Person 类的继承。

如果需要在程序中对两个类之间的关系进行判定，此时可以使用内置函数 issubclass()，其语法格式为：

issubclass(class, classinfo)

其中，如果参数 class 是参数 classinfo 的直接或者间接子类则返回 True，否则返回 False。例如，在交互方式中对上述程序定义的 Person 类和 Student 类进行关系判定，效果如下：

```
>>> issubclass(Student,Person)          # 判断 Stduent 是否为 Person 的子类
True
>>> issubclass(Person,Student)          # 判断 Person 是否为 Student 的子类
False
```

与现实中对象与类的关系一样，如果一个对象是学生，那么该对象肯定属于人类，所以使用 Student 类创建的对象也是 Person 类的对象。程序如例 8_18 所示。

```
# 例 8_18 子类创建的对象也是父类的对象
class Person:
    def __init__(self,name,gender,age):
        self.__name = name
        self.__gender = gender
        self.__age = age
        print(f'一个名为{self.__name}的人类对象诞生了')

class Student(Person):
    def __init__(self,name,gender,age,num):
        Person.__init__(self,name,gender,age)
        self.__num = num
        print(f'一个学号为{self.__num}的学生对象诞生了')

s1 = Student("Tom","男",19,"B01")
print("s1 是 Student 类的对象: ",isinstance(s1,Student))
print("s1 是 Person 类的对象: ",isinstance(s1,Person))
```

< 150 >

上述程序的运行结果如下：

一个名为 Tom 的人类对象诞生了
一个学号为 B01 的学生对象诞生了
s1 是 Student 类的对象：　True
s1 是 Person 类的对象：　True

观察程序的运行结果可知，由 Student 类创建的对象也是 Person 类的对象。

8.2.2 子类方法对父类方法的覆盖

在子类中，可以对父类原有的方法进行改进。这种对父类中已有方法的重新定义被称为方法的覆盖，其程序如例 8_19 所示。

```python
# 例 8_19 方法的覆盖
class Person:
    def __init__(self,name,gender,age):
        self.__name = name
        self.__gender = gender
        self.__age = age
        print(f'一个名为{self.__name}的人类对象诞生了')

    def say(self):
        print(f"我是{self.__name}")

class Student(Person):
    def __init__(self,name,gender,age,num):
        Person.__init__(self,name,gender,age)
        self.__num = num
        print(f'一个学号为{self.__num}的学生对象诞生了')

    def say(self):
        super().say()
        print(f"我的学号是{self.__num}")

s1 = Student("Tom","男",19,"B01")
s1.say()
```

上述程序中，在子类 Student 中也定义了 say() 方法。其中除了调用父类的 say() 方法以外，还额外输出了自己的学号属性。程序中使用内置函数 super() 来表示父类，其语法格式为：

super([type])

如果当前子类的父类是唯一的，那么参数 type 可以省略，但是如果当前子类是继承于多个父类的时候，则需要使用参数 type 指定 super() 函数到底代表的是哪一个父类。

例 8_19 程序的运行结果如下：

一个名为 Tom 的人类对象诞生了
一个学号为 B01 的学生对象诞生了
我是 Tom
我的学号是 B01

观察程序的运行结果可知，屏幕上的输出结果中包含对象的学号信息，这是调用 Student 对象的 say() 方法才能得到的输出内容。

< 151 >

8.3 本章小结

本章介绍了面向对象程序设计的相关知识，包括类的定义、对象的创建、对象及其属性和方法的使用、类的继承、子类和父类的关系等。

本章小结

Python 语言中，使用 class 关键字进行类的定义，之后创建类的对象，这个过程也被称为实例化，所以对象又被称为类的实例。在创建对象时，会自动调用类的 __init__() 方法进行对象的初始化；通过对该方法进行参数传递可以为对象设置初始的属性。在属性名前加上两条下画线可以将属性和方法设置为私有属性或私有方法，私有属性和私有方法不能在类的外部被使用。

一个类可以被继承，从而产生子类，被继承的类称为基类或父类。子类对象可以直接使用父类中的非私有属性和方法，子类中的方法还会覆盖父类中的同名方法，在子类的方法中需要通过父类名或者 super() 函数访问父类中的方法。

8.4 课后习题

一、单选题

1. 以下选项中，类的声明中不合法的是（　　）。

    A. class Flower: pass
    B. class 中国人: pass
    C. class SuperStar(): pass
    D. class A, B: pass

2. 以下有关初始化方法 __init__() 的描述，正确的是（　　）。

    A. 所有的类都必须定义一个初始化方法
    B. 初始化方法必须有返回值
    C. 初始化方法中必须对类的非静态属性进行赋值
    D. 初始化方法中可以对类的属性进行赋值

3. 类的定义中，除了 __init__() 方法用于进行实例化的操作，程序员还可以定义其他的方法表示该类的对象所具备的各种功能，方法定义中的第一个参数 self 在程序中指代的是（　　）。

    A. 程序本身　　　　B. 对象本身　　　　C. 类本身　　　　D. 方法本身

4. 以下程序的运行结果是（　　）。

```
class A:
    def __init__(self,x):
        self.__x = x
    def printX(self):
        print(self.__x)
a = A(100)
a.x = 200
a.printX()
```

    A. 100　　　　　　B. 200　　　　　　C. 300　　　　　　D. 程序出错

5. 以下程序的运行结果是（　　）。

```
class A:
    def __init__(self,x):
        self.__x = x
```

< 152 >

```
    def printX(self):
        print(self.__x)
a = A(100)
a.x = 200
print(a.x)
```

    A. 100   B. 200   C. 300   D. 程序出错

二、填空题

1. Python 语言中，定义类的关键字是_____。

2. 创建对象的过程，其本质就是去调用定义在类中的一个特殊方法_____创建对象。

3. Python 语言中，如果需要判定变量 x 所指的对象是否为字符串类型，则应该使用如下的函数调用表达式：_____(x,str)。

4. 在 Python 语言中创建对象后，可以使用_____运算符来调用其成员。

5. 在包含子类与父类的继承关系的程序中，可以使用内置函数_____在定义子类的程序中表示父类。

三、编程题

1. 编写程序，完成以下要求效果：定义一个 Student 类，包含属性姓名、年龄、语文成绩、数学成绩、英语成绩（其中，每个科目的成绩类型为整数），且包含以下方法的定义。

（1）获取学生的姓名：get_name()。

（2）获取学生的年龄：get_age()。

（3）返回 3 门科目中最高的分数：get_maxScore()。

（4）返回 3 门科目的总成绩：get_totalScore()。

完成类的定义以后，在主程序中声明一个学生对象，例如：

```
stu = Student('小明',20,69,88,92)
```

并计算输出该同学各科目成绩的最高分和总成绩。

输出样例：

```
小明同学各科成绩的最高分是 92，总成绩是 249。
```

2. 编写程序，完成以下要求效果：定义 HighSchoolStudent（高中生）类，继承上题中的 Student 类，增加化学成绩、物理成绩、生物成绩、历史成绩、政治成绩 5 个属性，以及以下两个方法。

（1）返回 8 门课程平均分的方法：get_average()。

（2）返回 8 门课程中最高分的方法：get_maxScore ()。

完成类的定义以后，在主程序中声明一个学生对象，例如：

```
stu = HighShcoolStudent('小王',20,69,88,92,95,75,89,93,100)
```

并计算输出该同学各科目成绩的平均分（保留 2 位小数）和最高分。

输出样例：

```
小王同学各科成绩的平均分是 87.63，最高分是 100。
```

< 153 >

## 第 9 章

图形用户界面

学习目标

- 掌握使用 Tkinter 模块创建窗口对象的方法。
- 掌握 Tkinter 模块中对象的布局管理方法。
- 掌握标签、按钮、输入框、列表框、画布等 Tkinter 组件的使用。

计算机程序在运行时，除了能正确返回运行结果之外，还应该拥有良好的用户界面，以方便用户与程序进行交互。Python 语言提供了内置模块 Tkinter，用于实现程序的用户界面。本章将介绍使用 Tkinter 模块进行用户界面开发的具体方法。

9.1 Tkinter 模块简介

本书之前介绍的程序在运行时大多都是通过 IDLE 的解释器提示符与用户进行交互，而现实中的程序则会在图形用户界面（Graphical User Interface, GUI）中与用户进行交互。在图形用户界面中，用户可以看到窗口、按钮、文本框等图形组件，并且可以使用鼠标和键盘完成数据输入等交互行为。如果能将之前介绍的程序也放在图形化的界面中，那么程序的用户体验一定能够提升许多。

Tkinter 模块简介

Python 语言中提供了 Tkinter 模块，这是一个 Python 标准模块，意味着在安装 Python 时已经包含，不再需要通过 pip 工具下载与安装。读者也可以使用其他第三方的 GUI 开发模块，例如 PyQt、Kivy、wxPython 等，这些模块可以借助 pip 工具进行安装。由于上述这些第三方模块的使用方法与 Tkinter 模块的使用方法类似，所以本书将着重介绍 Tkinter 的开发方法，以作抛砖引玉之用。

9.1.1 第一个 Tkinter 程序

创建并运行 Tkinter GUI 程序的基本步骤如下。

（1）导入 Tkinter 模块或者导入程序中所要使用的 Tkinter 组件。

（2）在程序中使用 tkinter.Tk()方法创建一个顶层窗口对象。

（3）创建用户界面中所需的 GUI 组件对象，并添加至上述顶层窗口对象中。

（4）把窗口中的 GUI 组件对象与用于事件处理的程序代码相互绑定。

（5）显示程序界面，使顶层窗口对象进入事件循环并等待用户触发事件，在用户触发事件时将会运行绑定在组件对象上的事件处理程序。

例如，一个简单的 Tkinter GUI 程序代码如下：

```
# 例9_1 简单的 Tkinter 程序示例
import tkinter as tk                    # 导入 Tkinter 模块
top = tk.Tk()                          # 创建顶层窗口对象
top.title("第一个 Tkinter 窗口")         # 设置窗口标题
top.mainloop()                         # 进入事件循环
```

上述程序中，第 1 行语句中 import tkinter as tk 用于导入
Tkinter 模块并起别名为 tk，之后的程序便可以使用别名 tk 表示
Tkinter 模块；第 2 行语句 top = tk.Tk()用于创建一个顶层窗口对
象，即创建一个 Tk 类的对象，并与变量 top 关联；第 3 行语句
top.title("第一个 Tkinter 窗口")用于设置窗口的标题；第 4 行语
句 top.mainloop()用于让程序进入事件循环，等待用户的操作，
如果用户对界面中的组件进行操作，则会调用绑定在组件上的
事件处理程序，事件循环将会一直处于等待状态直到用户关
闭窗口对象为止。例 9_1 程序的运行结果如图 9-1 所示。

图9-1　简单的 Tkinter 程序运行后的用户界面

9.1.2　在窗口中加入组件对象

例 9_1 程序中，使用 Tkinter 模块创建了一个简单的窗口对象。如果想要让 GUI 程序拥有更加丰富
的功能，就需要在窗口中添加 Tkinter 组件。

例如，在窗口中添加一个按钮（Button）组件的程序如例 9_2 所示。

```
# 例9_2 在图形用户界面中加入按钮组件
import tkinter as tk
top = tk.Tk()
top.geometry('300x200')               # 设置窗口的大小，特别注意字符串中是字符 "x"
top.title("第一个 Tkinter 窗口")
btn = tk.Button(top, text = "一个按钮")  # 创建一个按钮组件对象
btn.pack()                            # 将按钮组件对象放置到窗口中
top.mainloop()
```

上述程序中，语句 btn = tk.Button(top, text = "一个按钮")创建了一
个按钮组件对象并与对象 btn 关联，在创建按钮时传入两个初始参数
top 和 text，参数 top 用于指定按钮的上一级组件对象，参数 text 用于
指定显示在按钮上的文字；语句 btn.pack()用于将按钮组件添加到上一
级组件中，即窗口对象 top 中。程序的运行结果如图 9-2 所示。

观察程序的运行结果可知，通过调用组件的 pack()方法将会把组
件放置在上一级对象中，并在窗口中保持向上、居中对齐。当组件数
量增多时，pack()方法会把组件依次向下摆放。程序如例 9_3 所示。

图9-2　包含按钮的图形用户界面

```
# 例9_3 在图形用户界面中加入多个按钮组件
import tkinter as tk
top = tk.Tk()
top.geometry('300x200')
top.title("第一个 Tkinter 窗口")
for i in range(1,6):                   # 构造循环，以摆放多个按钮组件至窗口中
    btn = tk.Button(top, text = f"第{i}个按钮")
    btn.pack()
top.mainloop()
```

< 155 >

上述程序构造了循环结构程序，以重复运行创建按钮组件并将按钮对象添加到窗口中的语句，程序运行结果如图 9-3 所示。

图 9-3　包含多个按钮的图形用户界面

除了按钮组件，Tkinter 模块中还包含了表 9-1 所示的其他组件，读者可以自行尝试将这些组件对象添加至窗口中，并观察它们在图形用户界面中的显示效果。

表 9-1　Tkinter 模块中常用的组件

组件类型	组件名称	组件作用
Button	按钮	单击按钮时触发/执行一些事件（函数）
Canvas	画布	提供绘制图，例如直线、矩形、多边形等
Checkbutton	复选框	多项选择按钮，用于在程序中提供多项选择框
Entry	文本框	用于接收单行文本输入
Frame	容器窗口	定义一个窗口，用于承载其他组件，即作为其他组件的容器
Label	标签	用于显示单行文本或者图片，标签中显示的内容是不可修改的
LableFrame	标签容器	一个简单的标签容器组件，常用于复杂的窗口布局
Listbox	列表框	以列表的形式显示文本
Menu	菜单	菜单组件包括下拉菜单和弹出菜单
Menubutton	菜单按钮	用于显示菜单项
Message	信息	用于显示多行不可编辑的文本，与 Label 组件类似，增加了自动分行的功能
messageBox	消息框	定义与用户交互的消息对话框
OptionMenu	选项菜单	用于显示下拉菜单
PanedWindow	窗口布局管理组件	为组件提供一个框架，允许用户自己划分窗口空间
Radiobutton	单选按钮	单项选择按钮，该组件只允许从多个选项中选择一项
Scale	进度条	定义一个"滑块"用来控制范围，可以设定起始值和结束值，并显示当前位置的精确值
Spinbox	高级输入框	Entry 组件的升级版，可以通过该组件的上、下箭头选择不同的值
Scrollbar	滚动条	默认垂直方向，鼠标拖动改变数值，可以与 Text、Listbox、Canvas 等组件配合使用
Text	多行文本框	接收或输出多行文本内容
Toplevel	子窗口	用于创建一个独立于主窗口之外的子窗口，它位于主窗口的上一层，可作为其他组件的容器

在创建组件对象的时候，需要传递一些用于初始化对象的参数，例如在例 9_3 程序中，语句 btn=tk.Button(top, text="一个按钮")中参数 text 用于指定按钮上显示的文字。类似的这些参数还有很多，如表 9-2 所示，读者可以自行在程序中进行尝试，并观察使用不同参数进行初始化时的运行效果。

< 156 >

表 9-2　Tkinter 模块中组件初始化时常用的参数

参数名称	组件作用
anchor	定义组件或者文字信息在窗口内的位置
background	定义组件的背景颜色，参数值可以是 RGB 颜色，或者是颜色的英文单词
bitmap	定义显示在组件内的位图文件
borderwidth	定义组件的边框宽度，单位是像素
command	用于指定绑定在组件上的事件函数
cursor	当鼠标指针移动到组件上时，定义鼠标指针的类型。参数值有 crosshair（十字光标）、watch（待加载圆圈）、plus（加号）、arrow（箭头）等
font	若组件支持设置显示文字，就可以使用此参数来定义显示文字的字体格式
foreground	定义组件的前景色，也就是字体的颜色
height	用来设置组件的高度，文本组件以字符的数量决定高度，其他组件则以像素为单位
image	定义显示在组件内的图片文件
justify	定义多行文字的排列方式，此参数取值可以是 LEFT、CENTER、RIGHT
padx/pady	定义组件内的文字或者图片与组件边框之间的水平/垂直距离
relief	定义组件的边框样式，参数值为 FLAT（平的）、RAISED（凸起的）、SUNKEN（凹陷的）、GROOVE（沟槽状边缘）、RIDGE（脊状边缘）
text	定义组件上的显示文字
state	控制组件是否处于可用状态，参数取值可以是 NORMAL、DISABLED，默认为 NORMAL
width	用于设置组件的宽度，使用方法与 height 的使用方法相同

9.1.3　为组件对象绑定事件代码

GUI 程序中，用户与组件之间产生的交互行为被称为事件，例如单击界面中的按钮、在文本框中填写内容、选中列表框中的某一项数据，上述操作都会产生事件。为了在程序中对事件进行响应，必须为组件绑定事件发生时需要执行的语句内容。程序如例 9_4 所示。

```
# 例 9_4 为按钮对象绑定事件代码
import tkinter as tk
top = tk.Tk()
top.geometry('300x200')
top.title("第一个 Tkinter 窗口")
btn=tk.Button(top, text="关闭程序", command=top.destroy)
btn.pack()
top.mainloop()
```

上述程序中，在初始化按钮对象时，将参数 command 的值设置为 top.destroy，表示当按钮被单击时，运行窗口对象 top 的 destryo() 方法，以关闭当前窗口结束程序的运行。程序的运行结果如图 9-4 所示。

在图 9-4 所示的界面中，单击"关闭程序"按钮，即可触发单击按钮的事件，从而运行绑定在按钮上的程序，即 top.destroy()，其运行结果就是关闭当前的窗口并结束程序的运行。

图 9-4　包含"关闭程序"按钮的图形用户界面

如果需要在事件发生的时候运行比较复杂的程序，我们可以将需要运行的程序定义在函数中，并

< 157 >

将该函数与组件进行绑定。程序如例9_5所示。

```
# 例 9_5 为按钮对象绑定事件代码
import tkinter as tk
from tkinter import messagebox

top = tk.Tk()
top.geometry('300x200')
top.title("自定义事件代码")

name = tk.Entry(top)
name.pack()

def hello():
    messagebox.showinfo("Hello",f"你好, {name.get()}")

btn = tk.Button(top, text="快点我吧", command=hello)
btn.pack()
top.mainloop()
```

上述程序中，在 GUI 中同时创建了一个文本框（Entry）对象和一个按钮对象，并定义了函数 hello()，函数中使用文本框对象的 get()方法获取用户在文本框中填写的文字信息，并通过对话框（messagebox）将其反馈给用户。为了能够运行函数内的语句，需要将 hello()函数绑定在按钮对象上，即将其放在参数 command 中对按钮进行初始化操作。例9_5 程序的运行结果如图 9-5 所示。

图9-5　自定义事件代码的 GUI 程序运行结果

除了在对象初始化的时候在参数 command 中绑定事件代码之外，还可以使用组件对象的 bind()方法进行事件代码绑定，其语法格式为：

widget.bind(event, func)

其中，参数 event 表示事件类型的字符串，其中用一个尖括号包含具体事件，参数 func 表示待绑定的函数。例如，将例9_5 程序修改为使用组件的 bind()方法进行事件代码绑定，程序如下所示。

```
# 例 9_6 为按钮对象绑定事件代码
import tkinter as tk
from tkinter import messagebox

top = tk.Tk()
top.geometry('300x200')
top.title("自定义事件代码")

name = tk.Entry(top)
name.pack()

def hello(event):
    messagebox.showinfo("Hello",f"你好, {name.get()}")
```

< 158 >

```
btn = tk.Button(top, text="快点我吧")
btn.bind("<Button-1>",hello)
btn.pack()
top.mainloop()
```

上述程序中，移除了按钮对象在初始化时的参数 command，取而代之的是在之后的代码中加入了语句 btn.bind("<Button-1>",hello)，其作用是将函数 hello()与鼠标左键的单击事件进行绑定。特别注意的是，如果采用当前方式进行事件代码绑定，则函数 hello()的定义中，需要加入接收事件对象的参数 event。event 对象的属性中包含了与事件有关的众多信息，其常用属性如表 9-3 所示。

表 9-3　event 对象的常用属性

属性名称	属性说明
widget	发生事件的是哪一个组件对象
x,y	相对于窗口的左上角而言，当前鼠标的坐标位置
x_root,y_root	相对于屏幕的左上角而言，当前鼠标的坐标位置
char	用户按键所对应的字符
keysym	按键名，例如 Control_L 表示左边的 Ctrl 键
keycode	按键码，一个按键的数字编号，例如 Delete 按键码是 107
num	1、2、3 中的一个，表示单击了鼠标的哪个按键，分别对应鼠标左键、鼠标中键、鼠标右键
width,height	在 Configure 事件中，表示组件修改后的尺寸
type	事件类型

9.1.4　GUI 程序的布局管理

在 Tkinter 中，将组件摆放到父级容器中的方法一共有 3 种，分别是使用组件的 pack()方法、grid()方法和 place()方法。使用 pack()方法摆放组件时，将按照组件的添加顺序进行排列；使用 grid()方法摆放组件时，以行和列（网格）的形式对组件进行排列；使用 place()方法摆放组件时，可以指定组件大小以及摆放位置。

（1）使用 pack()方法摆放组件。在例 9_3 程序中已经可以看出，该方法在默认情况下将组件按照从上至下的顺序依次排开；如果希望组件能够按照从左至右的顺序依次排开，我们可以按例 9_7 程序进行修改。

```
# 例 9_7 使用 pack()方法摆放组件
import tkinter as tk
top = tk.Tk()
top.geometry('400x200')
top.title("以 pack()方法自左向右摆放组件")
for i in range(1,6):                        # 构造循环，以摆放多个按钮组件至窗口中
    btn=tk.Button(top, text=f"第{i}个按钮")
    btn.pack(side=tk.LEFT)
top.mainloop()
```

上述程序中，在按钮组件的 pack()方法中添加了参数 side=tk.LEFT，表示按照从左至右的顺序对组件依次排开，程序的运行结果如图 9-6 所示。

< 159 >

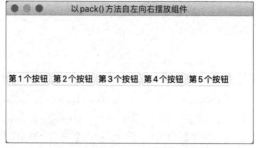

图9-6 从左至右依次排开的组件布局

（2）使用 grid()方法摆放组件。在此种布局下，将父级容器的界面看成一张由行和列组成的网格，通过指定行和列的位置将组件放置在相应的单元中，程序如例9_8所示。

```
# 例 9_8 使用 grid()方法摆放组件
import tkinter as tk
top = tk.Tk()
top.geometry('400x200')
top.title("以grid()方法摆放组件")
for i in range(2):                      # 构造两层循环，以摆放多个按钮组件至窗口中
    for j in range(3):
        btn=tk.Button(top, text=f"在第{i}行第{j}列上的按钮")
        btn.grid(row=i,column=j)
top.mainloop()
```

上述程序中，使用组件对象的 grid()方法进行组件的摆放，该方法的参数中包含了表示行号的 row 和表示列号的 column，这两个参数用来指定组件对象所处的单元格位置，程序的运行结果如图 9-7 所示。

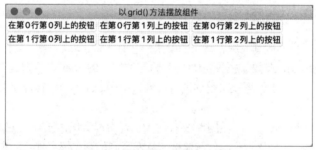

图9-7 以网格布局摆放的多个组件

（3）使用 place()方法摆放组件。通过组件的 place()方法进行界面布局可以直接指定组件在窗口内的绝对位置，或者相对于其他组件定位的相对位置，程序如例9_9所示。

```
# 例 9_9 使用 place()方法摆放组件
import tkinter as tk
top = tk.Tk()
top.geometry('400x200')
top.title("以place()方法摆放组件")
for i in range(1,6):                     # 构造循环，以摆放多个按钮组件至窗口中
    btn=tk.Button(top, text=f"第{i}个按钮")
    btn.place(x=i*50,y=i*30,width=100,height=30)
top.mainloop()
```

上述程序中，使用组件对象的 place()方法进行组件的摆放参数 x 和 y 表示当前组件距离父级组

< 160 >

件左边框和上边框的距离，参数 width 和 height 表示当前组件的宽度和高度，程序的运行结果如图 9-8 所示。

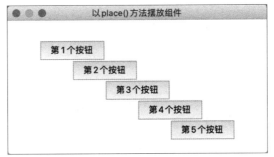

图 9-8　以 place() 方法摆放的多个组件

9.2　综合案例：简单的整数计算器

本节将使用 Tkinter 模块编写一个整数计算器的小软件，该软件的界面如图 9-9 所示。通过单击界面上的按钮可以实现整数的加、减、乘、除四则运算。

综合案例：简单的整数计算器

9.2.1　整数计算器的界面布局

通过观察图 9-9 中计算器的用户界面可知，由于程序中组件的位置比较灵活，因此这里采用组件的 place() 方法进行界面布局。通过适当的计算即可得到每个组件摆放时所需的参数 x、y、width、height，具体程序如例 9_10 所示。

图 9-9　整数计算器的用户界面

```
# 例 9_10 整数计算器的用户界面
import tkinter as tk
# 创建窗口程序
win = tk.Tk()
win.title("简单整数计算器")                    # 设置窗口标题
win.geometry("240x300")                        # 设置窗口尺寸
win.resizable(False,False)                     # 设置窗口不可改变大小
# 创建文本框
entry = tk.Entry(win,font = ("",22,""),justify = "right")
entry.place(x = 25,y = 20,width = 190,height = 50)
# 使用循环结构创建一系列按钮
Btnstr = "789/456*123-C0=+"
for i in range(16):
    btn = tk.Button(win,font = ("",22,""),text = btnstr[i])
    btn.place(x = 25+i%4*50,y = 80+i//4*50,width = 40,height = 40)
# 让程序处于事件监听状态
win.mainloop()
```

上述程序中，在初始化文本框的时候使用了 font 参数，其内容是一个代表字体名称、字号和字体特殊效果的三元组，由于本程序中只希望将字体放大，因此只指定了字体大小为 22，其他两项保留默认。同时为了能够通过循环结构创建界面中的按钮，程序中将所有按钮文字放入列表 btnstr 中，在按

< 161 >

钮组件的初始化时，只需将参数 text 的值指定为列表 btnstr 中对应的元素即可。

通过反复尝试，上述程序在初始化文本框时，将其位置参数 x 和 y 分别设置为 25 和 20 以达到最佳效果，此时文本框距离窗口左边和顶端分别为 25 像素和 20 像素。同时，文本框下方的按钮按照从左往右、从上往下的顺序，其位置参数 x 和 y 分别为(25, 80)、(75, 80)、(125, 80)、(175, 80)、(25, 130)、(75, 130)、(125, 130)、(175, 130)、(25, 180)、(75, 180)、(125, 180)、(175, 180)、(25, 230)、(75, 230)、(125, 230)、(175, 230)，归纳可得每一个按钮组件的位置参数 x 和 y 与循环变量 i 的关系应为 25+i%4*50 和 80+i//4*50。

9.2.2 为按钮绑定事件处理程序

在例 9_10 程序的基础上，需要增加处理按钮单击事件的处理函数，并将其绑定至整数计算器的按钮上。由于在事件处理程序中需要知道用户按下的是哪一个按钮，即需要调用事件对象的 widget()方法获取事件源，因此，此处使用按钮对象的 bind()方法进行事件绑定，其程序如例 9_11 所示。

```
# 例 9_11 为按钮绑定事件处理程序的基本框架
import tkinter as tk
# 创建窗口程序
win = tk.Tk()
win.title("简单整数计算器")
win.geometry("240x300")
win.resizable(False,False)
# 创建文本框
result = tk.StringVar()
result.set(0)
entry = tk.Entry(win,font = ("","22",""),justify = "right",
            textvariable = result)
entry.place(x = 25,y = 20,width = 190,height = 50)
# 定义事件处理函数
def calc(event):
    char = event.widget["text"]
    if '0' <= char <= '9':
        result.set("按下了数字按钮")
    if char in "+-*/":
        result.set("按下了运算符按钮")
    if char == "=":
        result.set("按下了等于号按钮")
    if char == "C":
        result.set("按下了清空按钮")
# 使用循环结构创建一系列按钮
Btnstr = "789/456*123-C0=+"
for i in range(16):
    btn = tk.Button(win,font = ("","22",""),text = btnstr[i])
    btn.place(x = 25+i%4*50,y = 80+i//4*50,width = 40,height = 40)
    btn.bind("<Button-1>",calc)
# 让程序处于事件监听状态
win.mainloop()
```

观察上述程序与例 9_10 程序之间的区别，可以看到例 9_11 程序中增加了事件处理函数 calc()并将该函数绑定到按钮对象上。为了能够在文本框中显示用户与按钮的交互，程序中创建了一个可变字符串对象 tk.StringVar()，并在调用文本框初始化方法时将其传递给参数 textvariable，这样做的目的是使文本框中显示的内容随着可变字符串对象的内容发生变化。通过调用可变字符串对象 result 的 set()方法，

< 162 >

即可对其内容进行改变。随着该对象内容的改变，文本框中显示的文字也发生了变化。程序运行后，如果用户单击运算符按钮，则运行结果如图 9-10 所示。

例 9_11 程序中只是将按钮被按下的事件反馈在了文本框中，并没有真正完成整数运算的功能，接下来我们分别讨论如何编写 4 种按钮按下时的事件处理程序。

图9-10　添加了事件处理程序框架的运行结果示意

（1）数字按钮 "0" ～ "9"。当这些按钮被按下时，需要将可变字符串对象 result 中原来的内容取出，并乘以 10，再加上当前被按下的按钮中的数字。例如，原来文本框中显示的是 5，如果此时按钮 3 被按下，则需要将 5 取出并乘以 10 得到 50，再加上当前被按下的按钮中的数字 3，得到计算结果为 53，然后将其更新到可变字符串对象 result 中，文本框中的内容会随着 result 对象的变化而变化。详细代码如下：

```
result.set(int(result.get())*10+int(char))
```

（2）运算符按钮 "+" "-" "*" "/"。要特别注意，当这些按钮被按下时，并不是去完成相应的运算，而是应该将可变字符串对象 result 中的内容作为第一个操作数保存至变量 num1 中，然后存下当前被按下的按钮中的运算符保存至变量 opr 中，之后将可变字符串的内容清零，为用户输入第二个操作数做准备。详细代码如下：

```
num1 = result.get()
opr = char
result.set(0)
```

（3）等于号按钮 "="。当该按钮被按下时，需要将当前可变字符串对象中的内容读取出来作为第二个操作数保存至变量 num2 中，然后将变量 num1、opr 和 num2 中的内容进行组合得到一条包含算式的字符串对象，并使用内置函数 eval() 对其进行运算求值，且将最终结果更新到可变字符串对象 result 中，此时文本框中的内容也会随之更新。要特别注意，由于本程序完成的是整数运算，因此需要将代表普通除法的 "/" 运算符替换为代表整除的 "//" 运算符，并对除数为 0 的情况进行异常处理。详细代码如下：

```
if opr == "/":
    opr = "//"
num2 = result.get()
try:
    result.set(eval(num1+opr+num2))
except ZeroDivisionError:
    result.set("除数不能为 0")
```

（4）清除按钮 "C"。当该按钮被按下时，只需将可变字符串设置为 0 即可。详细代码如下：

```
result.set("0")
```

将上述 4 个部分的事件处理程序整合到例 9_11 程序中，即可完成事件处理函数的程序。同时，为了在事件处理过程中对变量 num1、opr 和 num2 进行全局访问，需要将这 3 个变量设置为全局变量。完整的程序如例 9_12 所示。

```
# 例 9_12 整数计算器
import tkinter as tk
# 创建窗口程序
win = tk.Tk()
```

< 163 >

```
win.title("简单整数计算器")
win.geometry("240x300")
win.resizable(False,False)
# 创建文本框
result = tk.StringVar()
result.set(0)
entry = tk.Entry(win,font = ("","22",""),justify = "right",
               textvariable = result)
entry.place(x = 25,y = 20,width = 190,height = 50)
# 定义事件处理函数
def calc(event):
    global num1,num2,opr
    char = event.widget["text"]
    if '0' <= char <= '9':
        result.set(int(result.get())*10+int(char))
    if char in "+-*/":
        num1 = result.get()
        opr = char
        result.set(0)
    if char == "=":
        if opr == "/":
            opr = "//"
        num2 = result.get()
        try:
            result.set(eval(num1+opr+num2))
        except ZeroDivisionError:
            result.set("除数不能为 0")
    if char == "C":
        result.set("0")
# 使用循环结构创建一系列按钮
btnstr = "789/456*123-C0=+"
for i in range(16):
    btn = tk.Button(win,font = ("","22",""),text = btnstr[i])
    btn.place(x = 25+i%4*50,y = 80+i//4*50,width = 40,height = 40)
    btn.bind("<Button-1>",calc)
# 让程序处于事件监听状态
win.mainloop()
```

上述程序运行后，在进行除法运算时，如果用户输入的除数为 0，则会在界面中产生提示"除数不能为 0"，如图 9-11 所示。

图 9-11　用户输入了除数为 0 的运算时的运行结果

< 164 >

9.3 本章小结

本章介绍了在 Python 语言中进行图形用户界面（GUI）程序的开发方法。Python 内置了用于图形用户界面程序开发的标准模块 Tkinter，该模块中定义了各种用于在程序界面中与用户交互所需的组件，例如按钮、标签、输入框、列表框、画布等。程序员只需将这些组件拼装到程序中，即可方便地制作出界面美观的 Python 程序。

Tkinter 模块中的组件可以使用 pack()、grid() 和 place() 方法进行简单的布局管理，同时，为了让 Python 能够对用户的交互动作产生响应，需要在程序中定义事件处理函数，并将事件处理函数绑定在界面中的组件对象上。当用户与界面发生交互事件时，就会调用绑定在组件上的事件处理函数，完成指定的功能。

本章的最后以实现图形用户界面的整数计算器作为案例，详细演示了图形用户界面程序的开发步骤。

9.4 课后习题

一、单选题

1. 以下有关 GUI 程序开发的模块，（　　）是 Python 自带的标准模块。

　　A. PyQt　　　　　B. Tkinter　　　　C. Kivy　　　　　D. wxPython

2. 以下 Python 语句中，（　　）的功能是用于创建顶层窗口。

　　A. import tkinter as tk　　　　　　　B. top = tk.Tk()

　　C. top.title("第一个 Tkinter 窗口")　　D. top.mainloop()

3. 通过调用组件的 pack() 方法将会把组件放置在上一级对象中，并在窗口中保持向上、居中对齐。当组件数量增多时，pack() 方法默认会将组件依次（　　）。

　　A. 向上摆放　　　B. 向左摆放　　　C. 向右摆放　　　D. 向下摆放

4. 在 GUI 程序中建立一个标签对象，需要使用 Tkinter 模块中的（　　）。

　　A. Label 组件　　B. Message 组件　　C. Text 组件　　D. Entry 组件

5. 关于 Label 组件的描述，以下选项中（　　）是错误的。

　　A. Label 组件中的文字可以在程序中根据需要修改其样式

　　B. Label 组件中的文字可以在程序界面中被用户随意修改

　　C. Label 组件的功能一般是在程序界面中显示一些提示性信息

　　D. Label 组件中除了可以显示文字信息，还可以显示图片

6. 在 GUI 程序中建立组件对象时，如果想在初始化时设置组件对象的背景颜色，则应该在调用初始化方法时指定（　　）参数的内容。

　　A. back　　　　　B. background　　　C. backcolor　　　D. backgroundcolor

7. 编写 GUI 程序时，使用容器对象的 place() 方法可以将组件摆放在其中，若 place() 方法的参数 x 和 y 均为 0，则这个组件将被摆放在容器对象的（　　）。

　　A. 左上角　　　　B. 左下角　　　　C. 右上角　　　　D. 右下角

8. 在 GUI 程序中，将窗口对象 top 的（　　）方法绑定在按钮对象 btn 上，即可实现单击按钮 btn 将窗口对象 top 关闭。

　　A. exit()　　　　　B. destroy()　　　C. delete()　　　　D. close()

< 165 >

9. 在 GUI 程序中，通常可以使用组件对象的 bind(event, func)方法将特定的事件 event 绑定至事件处理函数 func 上，当参数 event 的值为"<Button-1>"时，表示在（   ）时调用事件处理函数。

    A. 单击鼠标左键　　　　　　　　　　B. 单击鼠标右键

    C. 单击鼠标中键　　　　　　　　　　D. 单击鼠标任意键

10. 在 GUI 程序中，若要将容器对象 container 的界面看成一张由行和列组成的网格，通过指定行和列的位置将组件放置在相应的单元中，则应该调用 container 对象的（   ）方法将组件摆放其中。

    A. pack()　　　　　　B. grid()　　　　　　C. table()　　　　　　D. place()

二、填空题

1. Tkinter 中包含 3 种布局管理方式，分别调用组件对象的_____方法、_____方法、_____方法将组件添加到容器对象中。

2. GUI 程序中，只需调用组件对象的_____方法，即可让该组件处于事件监听状态。

3. Tkinter 模块支持创建_____对象，它是一种允许修改其内容的字符串对象。

4. 以下代码将在 GUI 程序中创建一个不可以修改其内容的文本框：

```
En = Entry(root,textvariable = e,state = '_____')
```

5. Tkinter 模块中包含 messagebox 子模块，如果需要在程序界面中弹出一个只显示消息的对话框，则可以调用 messagebox 中的_____函数。

6. GUI 程序中，除了可以使用组件对象的 bind()方法将事件处理函数绑定在对象上，还可以在创建该对象时通过将事件处理函数指定给初始化方法中的_____参数完成绑定。

三、编程题

1. 编写程序实现以下功能：创建图 9-12 所示的窗口程序，当用户在文本框中输入文本，并单击窗口中的"文本复制"按钮后，可以将"标签1"的内容改为文本框中用户输入的内容。

图 9-12　创建文本框组件

2. 编写程序实现以下功能：修改例 9_12 的程序，使其包含实数计算的功能，即允许输入包含小数点的数。

< 166 >

第10章 数据分析与可视化

学习目标
- 掌握数值计算模块 NumPy 的基本使用方法。
- 掌握统计分析模块 pandas 的基本使用方法。
- 掌握数据可视化模块 Matplotlib 的基本使用方法。

Python 语言在第三方模块的支持下可以让程序完成更多特定的工作任务，例如第三方模块 NumPy 可以让程序完成数值计算方面的工作，pandas 模块可以让程序完成数据处理和分析方面的工作，Matplotlib 模块可以让程序完成数据可视化方面的工作。限于篇幅，本章将介绍上述模块的基本使用方法。有关更多详细的使用方法，请读者自行查阅第三方模块的官方文档。

10.1 数值计算模块 NumPy

安装完 Python 后，如果需要在程序中导入 NumPy 模块，需要先执行安装该模块的操作，具体方法是在终端（Windows 中被称为命令提示符）中执行以下命令：

```
pip install numpy
```

安装完后，即可使用下方的导入语句将 NumPy 模块导入到程序中进行使用。

```
import numpy
```

NumPy 模块中的主要运算对象是数组，它是由相同类型的元素组成的组合数据类型；与序列类型数据相似，数组也使用整数作为序号对其中的元素进行访问。在 NumPy 中所使用的数组往往具有多个维度，例如下方是一个二维数组的例子：

```
[[ 1., 0., 0.],
 [ 0., 1., 2.]]
```

该数组有 2 个维度，第一个维度的长度为 2（即有 2 行），第二个维度长度为 3（即有 3 列）。

以下程序使用多种方式创建不同的 NumPy 数组。

10.1.1 创建 NumPy 数组

NumPy 中的数组类型为 ndarray，别名为 array，创建数组的程序如例 10_1 所示。

```
# 例 10_1 使用多种方式创建 NumPy 数组
import numpy as np                    # 导入 NumPy 模块，并起别名 np
a0 = np.array([1,2,3,4,5])           # 使用列表中的元素创建数组
print("a0 =", a0)
```

```
a1 = np.array([1,2,3,4,5],dtype = np.float) # 使用列表中的元素创建一维浮点型数组
print("a1 =", a1)
a2 = np.array(range(5))                      # 创建具有 5 个元素的一维整型数组
print("a2 =", a2)
a3 = np.linspace(0, 10, 11)                  # 创建等差数组，0～10 分成 11 份
print("a3 =", a3)
a4 = np.linspace(0,1,11)                      # 创建等差数组，0～1 分成 11 份
print("a4 =", a4)
a5 = np.zeros([3,3])                          # 创建 3 行 3 列的全 0 二维数组
print("a5 =", a5)
a6 = np.ones([3,3])                           # 创建 3 行 3 列的全 1 二维数组
print("a6 =", a6)
a7 = np.identity(3)                           # 创建单位矩阵数组，对角线元素为 1，其他元素为 0
print("a7 =", a7)
```

上述程序中，语句 import numpy as np 用于导入 NumPy 模块，并使用 np 作为该模块的别名；语句 a0 = np.array([1,2,3,4,5])用于使用列表中的元素创建数组，数组元素的类型由列表元素的类型决定，也可以在函数中使用参数 dtype 来指定，参数 dtype 的值可以是 np.int、np.int8、np.int32、np.float、np.float32 等。例如，语句 a1=np.array([1,2,3,4,5],dtype=np.float)创建的是一个浮点型数组；函数 np.linspace ()用于创建一个等差数组，元素的默认类型是浮点型；函数 np.zeros()、np. ones ()和 np. identity ()分别用于创建全 0 数组、全 1 数组和单位矩阵数组，数组总的默认元素类型是浮点型。程序的运行结果如下：

```
a0 = [1 2 3 4 5]
a1 = [ 1.  2.  3.  4.  5.]
a2 = [0 1 2 3 4]
a3 = [ 0.  1.  2.  3.  4.  5.  6.  7.  8.  9.  10.]
a4 = [ 0.  0.1 0.2 0.3 0.4 0.5 0.6 0.7 0.8 0.9 1. ]
a5 = [[ 0.  0.  0.]
      [ 0.  0.  0.]
      [ 0.  0.  0.]]
a6 = [[ 1.  1.  1.]
      [ 1.  1.  1.]
      [ 1.  1.  1.]]
a7 = [[ 1.  0.  0.]
      [ 0.  1.  0.]
      [ 0.  0.  1.]]
```

10.1.2　数组的算术运算

数组可以直接与 Python 中的数字对象进行加、减、乘、除、求余等算术运算，其程序如例 10_2 所示。

```
# 例 10_2 数组与数字的加、减、乘、除、求余等算术运算
import numpy as np
a = np.array([1,3,5,7,9], dtype=np.int32)
print(a+2)
print(a-2)
print(a*2)
print(a/2)
print(np.mod(a,2))
```

程序的运行结果如下：

```
[ 3  5  7  9  11]
[-1  1  3  5  7]
[ 2  6 10 14 18]
```

< 168 >

```
[ 0.5  1.5  2.5  3.5  4.5]
[1 1 1 1 1]
```

观察程序的运行结果可知，在数组和数字进行算术运算的过程中，数字对象会与数组中的每一个元素进行运算，从而得到运算结果。

同时，数组与数组之间也可以进行算术运算，例如一维数组和二维数组进行算术运算的程序如例 10_3 所示。

```
# 例 10_3 一维数组和二维数组之间的算术运算示例
import numpy as np
a=np.array([1,2,3])
b=np.array([[1,1,1],[2,2,2],[3,3,3]])
print("a+b= ", a+b)
print("a-b= ", a-b)
print("a*b= ", a*b)
print("a/b= ", a/b)
```

程序的运行结果如下：

```
a+b= [[2 3 4]
      [3 4 5]
      [4 5 6]]
a-b= [[ 0  1  2]
      [-1  0  1]
      [-2 -1  0]]
a*b= [[1  2  3]
      [2  4  6]
      [3  6  9]]
a/b= [[ 1.          2.          3.         ]
      [ 0.5         1.          1.5        ]
      [ 0.33333333  0.66666667  1.         ]]
```

观察程序的运行结果可知，当两个数组的形状并不相同的时候，Python 通过扩展数组的方法来实现相加、相减、相乘等操作，这种机制称为广播（broadcasting）。

10.1.3　数组的关系运算

除了算术运算，数组也支持关系运算，例如，在例 10_4 所示程序中，创建一个随机数组，并进行大于、等于、小于等关系运算，关系运算的结果是以 True 或 False 为元素的数组，程序内容如下。

```
# 例 10_4 数组的逻辑运算示例
import numpy as np
a=np.random.rand(10)                           #创建包含 10 个 0～1 随机数的数组
print("a= ", a)
print("a>0.5 ", a>0.5)
print("a<0.5 ", a<0.5)
print("a==0.5 ", a==0.5)
print("a>=0.5 ", a>=0.5)
print("a<=0.5 ", a<=0.5)
```

程序的运行结果如下：

```
a= [ 0.99375684  0.17703359  0.25558724  0.84904171  0.90608089  0.10939586
  0.3735241   0.50116806  0.47456822  0.43664073]
a>0.5 [ True False False  True  True False False  True False False]
a<0.5 [False  True  True False False  True  True False  True  True]
a==0.5 [False False False False False False False False False False]
a>=0.5 [ True False False  True  True False False  True False False]
a<=0.5 [False  True  True False False  True  True False  True  True]
```

< 169 >

10.1.4 数组的条件运算

使用 NumPy 模块中的 where()函数，可以实现按照条件取值的运算，其语法格式为：

numpy. where(参数 1, 参数 2, 参数 3)

其中，参数 1 表示判定条件，参数 2 表示当参数 1 成立时返回的表达式，参数 3 表示当参数 1 不成立时返回的表达式。例如，对数组进行条件运算的程序如例 10_5 所示。

```
# 例 10_5 数组的条件运算示例
import numpy as np
a=np.random.rand(10)
ones=np.ones(10)
zeros=np.zeros(10)
b=np.where(a>0.5, ones, zeros)
print("a= ", a)
print("b= ", b)
```

程序的运行结果如下：

```
a=  [ 0.70458677  0.5850161   0.70860247  0.4525155   0.22227021  0.48851791
      0.17105142  0.5517959   0.14588337  0.42649245]
b=  [ 1.  1.  1.  0.  0.  0.  0.  1.  0.  0. ]
```

观察程序的运行结果可知，where()函数在调用时，根据 a 中元素是否大于 0.5 的判定条件决定数组 b 中对应元素的值，如果数组 a 中的元素大于 0.5，则数组 b 中与之对应的元素为 1，否则数组 b 中与之对应的元素为 0。

10.1.5 数组元素访问与切片运算

与访问序列中的元素相似，程序中可以通过元素的序号访问数组中的元素，其程序如例 10_6 所示。

```
# 例 10_6 访问一维数组和二维数组元素的示例
import numpy as np
a=np.array([1,2,3,4])
b=np.array([[1,2,3,4], [11,12,13,14], [21,22,23,24]])
print("a[0] = ",a[0])                # 访问 a 数组的第 0 个元素
print("a[2] = ",a[2])                # 访问 a 数组的第 2 个元素
print("a[-1] = ",a[-1])              # 访问 a 数组的最后一个元素
print("b[0, 0] = ",b[0][0])          # 访问 b 数组第 0 行第 0 列的元素
print("b[0, 1] = ",b[0][1])          # 访问 b 数组第 0 行第 1 列的元素
print("b[1, 2] = ",b[1, 2])          # 访问 b 数组第 1 行第 2 列的元素
print("b[2, 2] = ",b[2, 2])          # 访问 b 数组第 2 行第 2 列的元素
```

上述程序中，对二维数组 b 中元素的访问，既可以使用与访问序列元素相同的表示方法，即"b[第 1 维序号][第 2 维序号]"，也可以将多个序号值放在同一个方括号中，即"b[第 1 维序号,第 2 维序号]"，程序的运行结果如下：

```
a[0] =  1
a[2] =  3
a[-1] =  4
b[0, 0] =  1
b[0, 1] =  2
b[1, 2] =  13
b[2, 2] =  23
```

Python 中对序列元素进行切片运算的方法同样适用与 NumPy 模块中的数组对象，其程序如例 10_7 所示。

< 170 >

```
# 例 10_7 数组切片操作示例
import numpy as np
a=np.array([1,2,3,4])
b=np.array([[1,2,3,4], [11,12,13,14], [21,22,23,24]])
print("a[0:2] = ",a[0:2])                # 对数组 a 进行切片
print("a[0:4:2] = ",a[0:4:2])            # 以步长 2 对数组 a 进行切片
print("a[:-1] = ",a[:-1])                # 对数组 a 进行切片，取到最后一个元素之前为止
print("b[1:3] = ",b[1:3])                # 对数组 b 在第 1 维上进行切片
print("b[1:3, 2:4] = ",b[1:3, 2:4])      # 对数组 b 同时在第 1 维和第 2 维上进行切片
print("b[1:3, :] = ",b[1:3, :])          # 对数组 b 在第 1 维上进行切片
print("b[:, 0:3] = ",b[:, 0:3])          # 对数组 b 在第 2 维上进行切片
```

程序的运行结果如下：

```
a[0:2] = [1 2]
a[0:4:2] = [1 3]
a[:-1] = [1 2 3]
b[1:3] = [[11 12 13 14]
          [21 22 23 24]]
b[1:3, 2:4] = [[13 14]
               [23 24]]
b[1:3, :] = [[11 12 13 14]
             [21 22 23 24]]
b[:, 0:3] = [[ 1  2  3]
             [11 12 13]
             [21 22 23]]
```

　　观察程序的运行结果可知，数组的切片运算方法与序列的切片运算方法完全一致。如果省略了起始值，表示从该维度的首个元素开始切片；如果省略了结束值，则表示切片运算会在该维度上截取元素，直到该维度没有元素为止。

10.1.6　改变数组形状

　　程序中，可以通过 NumPy 模块中的 reshape()函数改变数组的维度或形状。数组维度或形状改变后，元素总数保持不变。程序如例 10_8 所示。

```
#例 10_8 改变数组形状的操作示例
import numpy as np
a=np.array([1,2,3,4,5,6,7,8,9,10,11,12])
b=np.array([[1,2,3],[11,12,13],[21,22,23]])
a1=np.reshape(a,[3,4])          # 将一维数组 a 改变为 3 行 4 列的二维数组
a2=np.reshape(a,[2,-1])         # 将一维数组 a 改变为 2 行的二维数组，-1 表示列数自动确定
a3=np.reshape(a,[2,2,3])        # 将一维数组 a 改变为三维数组
b1=np.reshape(b,[-1])           # 将二维数组 b 改变为一维数组，-1 表示元素个数自动确定
print("a1= ", a1)
print("a2= ", a2)
print("a3= ", a3)
print("b1= ", b1)
```

程序的运行结果如下：

```
a1= [[ 1  2  3  4]
     [ 5  6  7  8]
     [ 9 10 11 12]]
a2= [[ 1  2  3  4  5  6]
     [ 7  8  9 10 11 12]]
```

< 171 >

```
a3= [[[ 1  2   3]
      [ 4  5   6]]

     [[ 7  8   9]
      [10 11 12]]]
b1= [ 1  2  3 11 12 13 21 22 23]
```

观察程序的运行结果可知，在改变数组维度或形状的时候，如果对某个维度上的元素个数不确定，可以将其参数设置为-1，表示由 Python 自动确定该维度上的元素个数。

10.1.7 二维数组转置

将原数组中的行换成同序数的列，得到新数组的操作，称为数组的转置。程序如例 10_9 所示。

```
# 例 10_9 数组转置操作示例
import numpy as np
a=np.array([1,2,3,4])
b=np.array([[1,2,3],[4,5,6],[7,8,9]])
a1=a.T                              # 一维数组 a 的转置还是 a
b1=b.T                              # 二维数组 b 的转置，使得行变为列，列变为行
print("a1= ", a1)
print("b1= ", b1)
```

上述程序中，表达式 a.T 表示数组 a 的转置数组，表达式 b.T 表示数组 b 的转置数组，程序的运行结果如下：

```
a1= [1 2 3 4]
b1= [[1 4 7]
     [2 5 8]
     [3 6 9]]
```

10.1.8 数组的内积运算

导入 NumPy 模块后，当以数组对象表示线性代数中向量类型的数据时，使用数组对象的 dot()方法即可完成线性代数中向量内积的运算。程序如例 10_10 所示。

```
# 例 10_10 计算向量内积的操作示例
import numpy as np
a=np.array([1,2,3,4,5,6,7,8])
b=np.array([2,2,2,2,2,2,2,2])
c=np.array([2,2,2,2])
a_dot_b=a.dot(b)                    # 将 a 与 b 对应元素相乘后求和
a_dot_a=a.dot(a)                    # 将 a 与 a 对应元素相乘后求和
aT=np.reshape(a,[2,4])              # 改变 a 为 2 行 4 列的数组，保存在 aT 变量中
aT_dot_aT=aT.dot(c)                 # 求 aT 与 c 的内积
print("a_dot_b= ", a_dot_b)
print("a_dot_a= ", a_dot_a)
print("aT_dot_aT= ", aT_dot_aT)
```

程序的运行结果如下：

```
a_dot_b= 72
a_dot_a= 204
aT_dot_aT= [20 52]
```

观察程序的运行结果可知，对于一维数组 a 和 b，它们的内积就是两个数组中对应位置元素的乘积

< 172 >

之和；对于数组 aT 和 c，它们的内积就是数组 aT 每一行的元素分别与数组 c 中每一列中的元素的乘积之和，此时数组 c 被自动转换成了一个 4 行 1 列的数组。

10.1.9　数组的函数运算

NumPy 模块中还包含了一系列完成常见运算的函数，这些函数都可以支持数组对象。程序如例 10_11 所示。

```
# 例 10_11 常用数组函数使用示例
import numpy as np
a=np.arange(0, 100, 10)          # 创建一个等差数组
b=np.random.rand(10)             # 创建一个包含 10 个随机数的数组
a_sin=np.sin(a)                  # 对数组 a 的元素求正弦值
a_cos=np.cos(a)                  # 对数组 a 的元素求余弦值
b_round=np.round(b)              # 对数组 b 的元素四舍五入
b_floor=np.floor(b)              # 对数组 b 的元素向下取整
b_ceil=np.ceil(b)                # 对数组 b 的元素向上取整
print("a= ",a)
print("a_sin= ",a_sin)
print("a_cos= ",a_cos)
print("b= ",b)
print("b_round= ",b_round)
print("b_floor= ",b_floor)
print("b_ceil= ",b_ceil)
```

程序的运行结果如下：

```
a= [ 0 10 20 30 40 50 60 70 80 90]
a_sin= [ 0.        -0.54402113 0.91294527 -0.98803163  0.74511313 -0.26237485
 -0.30481061  0.77389067 -0.99388868  0.89399666]
a_cos= [ 1.        -0.83907151 0.40808207  0.15425146 -0.66693807  0.964966
 -0.95241296  0.6333192  -0.11038724 -0.44807363]
b= [ 0.87299276 0.1351786  0.76393624 0.93645195 0.20173247 0.33445377
 0.74709541 0.41368494 0.53994007 0.41881629]
b_round= [ 1. 0. 1. 1. 0. 0. 1. 0. 1. 0.]
b_floor= [ 0. 0. 0. 0. 0. 0. 0. 0. 0. 0.]
b_ceil= [ 1. 1. 1. 1. 1. 1. 1. 1. 1. 1.]
```

观察程序的运行结果可知，如果将运算对象放在数组中，便可以让 Python 一次性完成多个对象的函数运算，这样不仅简化了相应的程序，而且由于 NumPy 模块在运算过程中采用了并行计算的方法，会极大提高程序的运算效率。

NumPy 同时还支持对数组中不同维度的元素进行单独计算，程序员只需在调用函数的时候通过参数 axis 指定需要计算的维度即可。要特别注意，axis=0 表示对一维数据进行计算，axis=1 表示对二维数据进行计算，依此类推。程序如例 10_12 所示。

```
# 例 10_12 计算数组中不同维度的元素示例
import numpy as np
a=np.array([[4,0,9,7,6,5],[1,9,7,11,8,12]],dtype=np.float32)
a_sum=np.sum(a)                          # 计算 a 中所有元素的和
a_sum_0=np.sum(a,axis=0)                 # 二维数组纵向求和
a_sum_1=np.sum(a,axis=1)                 # 二维数组横向求和
a_mean_1=np.mean(a,axis=1)               # 二维数组横向求均值
weights=[0.7,0.3]                        # 设置权重数组
```

< 173 >

```
a_avg_0=np.average(a,axis=0,weights=weights)      # 纵向求加权平均值
a_max=np.max(a)                                    # 求所有元素的最大值
a_min=np.min(a,axis=0)                             # 纵向求最大值
a_std=np.std(a)                                    # 求所有元素的标准差
a_std_1=np.std(a,axis=1)                           # 横向求标准差
a_sort_1=np.sort(a,axis=1)                         # 横向排序
print("a=",a)
print("a_sum=",a_sum)
print("a_sum_0=",a_sum_0)
print("a_sum_1=",a_sum_1)
print("a_mean_1=",a_mean_1)
print("a_avg_0=",a_avg_0)
print("a_max=",a_max)
print("a_min=",a_min)
print("a_std=",a_std)
print("a_std_1=",a_std_1)
print("a_sort_1=",a_sort_1)
```

程序的运行结果如下：

```
a= [[  4.   0.   9.   7.   6.   5.]
    [  1.   9.   7.  11.   8.  12.]]
a_sum= 79.0
a_sum_0= [  5.   9.  16.  18.  14.  17.]
a_sum_1= [ 31.  48.]
a_mean_1= [ 5.16666651  8.        ]
a_avg_0= [ 3.1  2.7  8.4  8.2  6.6  7.1]
a_max= 12.0
a_min= [ 1.  0.  7.  7.  6.  5.]
a_std= 3.49901
a_std_1= [ 2.79384255  3.55902624]
a_sort_1= [[  0.   4.   5.   6.   7.   9.]
            [  1.   7.   8.   9.  11.  12.]]
```

10.2 数据处理与分析模块 pandas

pandas 是基于 NumPy 模块的用于数据处理和分析的第三方模块。pandas 模块提供了标准的数据模型和大量快速、便捷的数据处理函数，可以实现大型数据集的处理和分析任务。如需使用 pandas 模块，需要先执行安装该模块的操作，具体方法是在终端（Windows 中被称为命令提示符）中执行以下命令：

```
pip install pandas
```

安装完后，即可使用下方的导入语句将 pandas 模块导入到程序中进行使用。

```
import pandas
```

10.2.1 使用 pandas 存储数据

pandas 模块中的常用数据类型包括 DataFrame 和 Series，其中 DataFrame 是一个二维的数据容器，其每一列的元素可以是不同类型的数据，也就是 Series。例如，将一组包含学生信息的字典数据存储至 DataFrame 中的程序如例 10_13 所示。

< 174 >

```
# 例 10_13 在 pandas 中存储数据
import pandas as pd
Students = {
    "Name": ["Tom","Jack","Rose"],
    "Age": [22, 25, 18],
    "Sex": ["male", "male", "female"],
}
df = pd.DataFrame(Students)
print(df)
print("DataFrame 中数据的数量为: ",df.size)
print("DataFrame 中数据的维度为: ",df.ndim)
print("DataFrame 中数据的形状为: ",df.shape)
```

　　上述程序中，变量 Students 表示的是一个包含了学生的姓名、年龄和性别信息的字典，程序中将其作为参数传递给 DataFrame 类的初始化函数，由此创建了一个对应的 DataFrame 对象。该对象的 size 属性表示对象中的数据数量、ndim 属性表示对象中的数据维度、shape 属性表示对象中各维度上的数据个数。程序的运行结果如下：

```
   Name  Age     Sex
0   Tom   22    male
1  Jack   25    male
2  Rose   18  female
DataFrame 中数据的数量为:  9
DataFrame 中数据的维度为:  2
DataFrame 中数据的形状为:  (3, 3)
```

　　观察程序的运行结果可知，DataFrame 对象的形式非常像一张二维表，其中每一行表示同一名学生的信息，每一列表示学生的同一种属性，DataFrame 中的每一列就是一个 Series，DataFrame 每一行的行首是这一行数据的索引值，默认是从 0 开始的整数序列。

　　如果需要单独取出 DataFrame 中某一列数据，我们可以使用对应列的属性名访问。程序如例 10_14 所示。

```
# 例 10_14 访问 DataFrame 中存储的数据
import pandas as pd
Students ={
    "Name": ["Tom","Jack","Rose"],
    "Age": [22, 25, 18],
    "Sex": ["male", "male", "female"],
}
df = pd.DataFrame(Students)
print(df["Name"])
```

　　程序的运行结果如下：

```
0    Tom
1    Jack
2    Rose
Name: Name, dtype: object
```

　　观察程序的运行结果可知，对于 DataFrame，每一列数据都是一个 Series。必要的时候，也可以单独创建 Series 类型的对象。程序如例 10_15 所示。

```
# 例 10_15 创建 Series 类型的对象
import pandas as pd
ages = pd.Series([22, 25, 18], name="Age")
print(ages)
```

< 175 >

上述程序的运行结果如下：

```
0    22
1    25
2    18
Name: Age, dtype: int64
```

在创建 Series 或者 DataFrame 的时候，还可以通过参数 index 指定数据对象的索引值，从而取代默认的以 0 开始的整数序列作为索引值。程序如例 10_16 所示。

```
# 例 10_16 创建 Series 对象时, 指定索引值
import pandas as pd
names = ["Tom","Jack","Rose"]
ages = pd.Series([22,25,18], index = names, name = "Age")
print(ages)
```

程序的运行结果如下：

```
Tom     22
Jack    25
Rose    18
Name: Age, dtype: int64
```

10.2.2 筛选 DataFrame 中的数据

在数据处理过程中，如果只需用到 DataFrame 中的部分数据，此时可对 DataFrame 进行筛选操作。通过对于数据列的筛选，可以将需要访问的列名放在列表中作为索引值访问 DataFrame 对象。程序如例 10_17 所示。

```
# 例 10_17 筛选 DataFrame 中的列
import pandas as pd
Students = {
    "Name": ["Tom","Jack","Rose"],
    "Age": [22, 25, 18],
    "Sex": ["male", "male", "female"],
}
df = pd.DataFrame(Students)
print(df[["Name","Age"]])
```

上述程序中，将列名"Name"和"Age"组成列表，以作为索引值对 DataFrame 对象进行访问，即可对数据中的列进行筛选。程序的运行结果如下：

```
   Name  Age
0   Tom   22
1  Jack   25
2  Rose   18
```

观察程序的运行结果可知，DataFrame 对象中一共包含了 3 个数据列，但是通过筛选，只输出了其中指定的两个列。

对于数据行的筛选，我们可以使用 DataFrame 对象的 head()方法筛选数据集中的前若干条数据，以及使用 tail()方法筛选数据集中的后若干条数据，其中的参数用于指定筛选后得到的数据条数，默认情况下为 5 条数据。程序如例 10_18 所示。

```
# 例 10_18 使用 head()方法筛选 DataFrame 中的行
import pandas as pd
Students = {
    "Name": ["Tom","Jack","Rose"],
```

< 176 >

```
    "Age": [22, 25, 18],
    "Sex": ["male", "male", "female"],
}
df = pd.DataFrame(Students)
print("数据集中前 2 条数据为：")
print(df.head(2))
print("数据集中后 2 条数据为：")
print(df.tail(2))
```

程序的运行结果如下：

```
数据集中前 2 条数据为：
   Name  Age   Sex
0   Tom   22  male
1  Jack   25  male
数据集中后 2 条数据为：
   Name  Age     Sex
1  Jack   25    male
2  Rose   18  female
```

观察程序的运行结果可知，虽然 DataFrame 中包含了 3 条学生信息，但是通过调用 head()方法分别输出了其中的前 2 条和后 2 条数据内容。

对于更加复杂的行数据筛选，还可以使用关系表达式来完成。程序如例 10_19 所示。

```
# 例 10_19 使用关系运算筛选 DataFrame 中的行
import pandas as pd
Students ={
    "Name": ["Tom","Jack","Rose"],
    "Age": [22, 25, 18],
    "Sex": ["male", "male", "female"],
}
df = pd.DataFrame(Students)
print("年龄大于 20 的学生有：")
print(df[df["Age"]>20])
print("性别为女性的学生有：")
print(df[df["Sex"]=="female"])
print("年龄大于 20 的男性学生有：")
print(df[(df["Age"]>20) & (df["Sex"]=="male")])
print("年龄小于 20 或者大于 24 的男性学生有：")
print(df[(df["Age"]<20) | (df["Age"]>24)])
```

在上述程序中，在 DataFrame 对象后的方括号内加入表示筛选条件的关系表达式，其中用符号 "&" 表示多个条件之间的并且关系，用符号 "|" 表示多个条件之间的或者关系。特别注意在使用多个条件进行组合判定时，每一个单独的条件都需要用一个圆括号进行包含。上述程序的运行结果如下：

```
年龄大于 20 的学生有：
   Name  Age   Sex
0   Tom   22  male
1  Jack   25  male
性别为女性的学生有：
   Name  Age     Sex
2  Rose   18  female
年龄大于 20 的男性学生有：
   Name  Age   Sex
0   Tom   22  male
1  Jack   25  male
```

< 177 >

年龄小于 20 或者大于 24 的男性学生有:
```
   Name   Age     Sex
1  Jack   25     male
2  Rose   18   female
```

如果需要对 DataFrame 中的数据同时进行行和列的筛选，则需要使用 DataFrame 对象的 loc 运算符。程序如例 10_20 所示。

```
# 例 10_20 使用 loc 运算符同时筛选 DataFrame 中的行和列
import pandas as pd
Students = {
    "Name": ["Tom","Jack","Rose"],
    "Age": [22, 25, 18],
    "Sex": ["male", "male", "female"],
}
df = pd.DataFrame(Students)
print("年龄大于 20 的学生的姓名和性别: ")
print(df.loc[df["Age"]>20,["Name","Sex"]])
```

上述程序中，在 loc 运算符后的方括号内，表达式 df["Age"]>20 表示对数据行的筛选条件，表达式["Name","Sex"]表示对数据列的筛选条件。程序的运行结果如下:

年龄大于 20 的学生的姓名和性别:
```
   Name    Sex
0   Tom   male
1  Jack   male
```

请特别注意，loc 运算符不是 DataFrame 对象的方法，所以其后是一个方括号，而不是一个圆括号。

如果希望基于数据的位置对 DataFrame 对象中的数据进行行和列的筛选，此时可以使用 iloc 运算符。程序如例 10_21 所示。

```
# 例 10_21 使用 ilco 运算符同时筛选 DataFrame 中的行和列
import pandas as pd
Students = {
    "Name": ["Tom","Jack","Rose"],
    "Age": [22, 25, 18],
    "Sex": ["male", "male", "female"],
}
df = pd.DataFrame(Students)
print("位置范围为行号>=1、列号<2 的所有数据为: ")
print(df.iloc[1:,:2])
```

上述程序的运行结果如下:

位置范围为行号>=1、列号<2 的所有数据为:
```
   Name  Age
1  Jack   25
2  Rose   18
```

观察程序的运行结果可知，DataFrame 对象中数据的所在位置的行号和列号都是从 0 开始计数。

除了 loc、iloc 运算符之外，DataFrame 对象还提供了 at 和 iat 运算符，用于获得数据集中某一确定单元中的数据。程序如例 10_22 所示。

```
# 例 10_22 使用 at 和 iat 运算符筛选 DataFrame 中的某一单元
import pandas as pd
Students = {
    "Age": [22, 25, 18],
```

< 178 >

```
        "Sex": ["male", "male", "female"],
}
names = ["Tom","Jack","Rose"]
df = pd.DataFrame(Students, index=names)
print(df)
print("索引值为 Jack 的年龄为：")
print(df.at["Jack","Age"])
print("行号为 1、列号为 0 的单元格数据为：")
print(df.iat[1,0])
```

上述程序中建立了以姓名为索引值的 DataFrame 数据集 df，之后的表达式 df.at["Jack","Age"]和 df.iat[1,0]的功能都是访问数据集中学生 Jack 的年龄数据。程序的运行结果如下：

```
        Age      Sex
Tom     22      male
Jack    25      male
Rose    18    female
索引值为 Jack 的年龄为：
25
行号为 1、列号为 0 的单元格数据为：
25
```

10.2.3　修改 DataFrame 中的数据

DataFrame 对象的 index 属性和 columns 用于表示 DataFrame 对象中数据的索引值和列名。如果需要对其进行修改，我们可以直接通过赋值语句完成。程序如例 10_23 所示。

```
# 例 10_23 对 DataFrame 对象的索引值和列名进行修改
import pandas as pd
Students = {
    "N": ["Tom","Jack","Rose"],
    "A": [22, 25, 18],
    "S": ["male", "male", "female"],
}
df = pd.DataFrame(Students)
print("修改之前的索引值和列名：")
print(df.index)
print(df.columns)
df.index = range(1,len(df)+1)
df.columns = ["Name","Age","Sex"]
print("修改完索引值和列名之后的数据为：")
print(df)
```

上述程序中，DataFrame 对象在初始构造完成后的索引值为从 0 开始的整数序列、列名为 ["N","A","S"]，在后续的程序中将其索引值修改为从 1 开始的整数序列，将列名改为["Name","Age","Sex"]。程序的运行结果如下：

```
修改之前的索引值和列名：
RangeIndex(start=0, stop=3, step=1)
index(['N', 'A', 'S'], dtype='object')
修改完索引值和列名之后的数据为：
   Name Age      Sex
1   Tom  22     male
2  Jack  25     male
3  Rose  18   female
```

< 179 >

除了可以对 DataFrame 对象的索引值和列名进行修改，程序中还可以对 DataFrame 对象中的数据进行添加。程序如例 10_24 所示。

```
# 例 10_24 对 DataFrame 对象中的数据进行添加
import pandas as pd
Students = {
    "Name": ["Tom","Jack","Rose"],
    "Age": [22, 25, 18],
    "Sex": ["male", "male", "female"],
}
df = pd.DataFrame(Students)
print("在 DataFrame 对象中增加一行数据")
df = df.append({"Name":"Mary","Age":20,"Sex":"female"},ignore_index = True)
print(df)
print("在 DataFrame 对象中增加一列数据")
df["Height"] = [165,170,155,163]
print(df)
```

上述程序中，使用 DataFrame 对象的 append()方法添加了一条数据到该对象的副本中，所以需要将 append()方法的返回值通过赋值语句关联至变量 df，否则变量 df 中关联的内容仍然是原来的 DataFrame 对象。除此之外还需注意的是，如果以字典的形式添加一条数据，则需要在 append()方法中设置参数 ignore_index 的值为 True。与添加一行数据相比，在 DataFrame 对象中添加一列数据的操作则非常简单，只需将每一行的属性值组成列表并赋值给 DataFrame 的新属性即可。程序的运行结果如下：

```
在 DataFrame 对象中增加一行数据
    Name  Age      Sex
0   Tom   22      male
1   Jack  25      male
2   Rose  18    female
3   Mary  20    female
在 DataFrame 对象中增加一列数据
    Name  Age      Sex  Height
0   Tom   22      male     165
1   Jack  25      male     170
2   Rose  18    female     155
3   Mary  20    female     163
```

使用 DataFrame 对象的 drop()方法可以删除对象内的数据。程序如例 10_25 所示。

```
# 例 10_25 删除 DataFrame 对象中的数据
import pandas as pd
Students = {
    "Name": ["Tom","Jack","Rose"],
    "Age": [22, 25, 18],
    "Sex": ["male", "male", "female"],
}
df = pd.DataFrame(Students)
print("在 DataFrame 对象中删除一行数据")
df.drop(2,inplace = True)
print(df)
print("在 DataFrame 对象中删除一列数据")
df = df.drop("Age",axis = 1)
print(df)
```

上述程序中，调用 DataFrame 对象的 drop()方法删除对象中的数据。默认情况下，drop()方法会在 DataFrame 对象的副本中删除索引值与参数相同的数据行。如果要在原对象中直接删除数据，我们可以

< 180 >

在调用 drop() 方法时指定参数 inplace 的值为 True。若不指定参数 inplace 的值为 True，还可以通过给原变量赋值的方式保留操作结果。如果想使用 drop() 方法删除列数据，我们可以通过指定参数 axis 的值为 1 来完成操作。程序的运行结果如下：

```
在 DataFrame 对象中删除一行数据
    Name  Age   Sex
0   Tom   22    male
1   Jack  25    male
在 DataFrame 对象中删除一列数据
    Name   Sex
0   Tom    male
1   Jack   male
```

10.2.4　DataFrame 中数据的统计与分析

在使用 pandas 处理数据的时候，常见的统计与分析功能包括以下 4 种。

（1）使用 sort_values() 方法对数据排序，其程序如例 10_26 所示。

```
# 例 10_26 对 DataFrame 对象中的数据排序
import pandas as pd
Students = {
    "Name": ["Tom","Jack","Rose"],
    "Age": [22, 25, 18],
    "Sex": ["male", "male", "female"],
}
df = pd.DataFrame(Students)
print("按照年龄的降序排列后的学生数据为：")
print(df.sort_values(by = "Age",ascending = False))
```

上述程序中，sort_value() 方法的参数 by 表示依据哪一列的数据进行排序，参数 ascending 表示是否按照升序进行排列，如果将参数 ascending 的值设置为 False 则表示按照降序进行排列。程序的运行结果如下：

```
按照年龄的降序排列后的学生数据为：
    Name  Age    Sex
1   Jack  25     male
0   Tom   22     male
2   Rose  18     female
```

（2）使用 describe() 方法求基本统计数据，其程序如例 10_27 所示。

```
# 例 10_27 对 DataFrame 对象中的数据求基本统计数据
import pandas as pd
Students = {
    "Name": ["Tom","Jack","Rose"],
    "Age": [22, 25, 18],
    "Sex": ["male", "male", "female"],
}
df = pd.DataFrame(Students)
print("数据集中学生年龄的基本统计数据为：")
print(df["Age"].describe())
```

程序的运行结果如下：

```
数据集中学生年龄的基本统计数据为：
count    3.000000
mean     21.666667
```

< 181 >

```
std       3.511885
min       18.000000
25%       20.000000
50%       22.000000
75%       23.500000
max       25.000000
Name: Age, dtype: float64
```

观察程序的运行结果可知，由 describe() 方法得到的统计数据中包括数据的个数、平均值、标准差、最小值、下四分位数、中位数、上四分位数和最大值。

（3）使用 count()、mean()、std()、min()、quantile()、median()、max() 方法分别求出数据的统计分析值，其程序如例 10_28 所示。

```
# 例 10_28 对 DataFrame 对象中的数据求基本统计数据
import pandas as pd
Students = {
    "Name": ["Tom","Jack","Rose"],
    "Age": [22, 25, 18],
    "Sex": ["male", "male", "female"],
}
df = pd.DataFrame(Students)
print(f"数据集中学生年龄的数据个数为: {df['Age'].count()}")
print(f"数据集中学生年龄的平均值为: {df['Age'].mean()}")
print(f"数据集中学生年龄的标准差为: {df['Age'].std()}")
print(f"数据集中学生年龄的最小值为: {df['Age'].min()}")
print(f"数据集中学生年龄的下四分位数为: {df['Age'].quantile(0.25)}")
print(f"数据集中学生年龄的中位数为: {df['Age'].median()}")
print(f"数据集中学生年龄的上四分位数为: {df['Age'].quantile(0.75)}")
print(f"数据集中学生年龄的最大值为: {df['Age'].max()}")
```

程序的运行结果如下：

```
数据集中学生年龄的数据个数为: 3
数据集中学生年龄的平均值为: 21.666666666666668
数据集中学生年龄的标准差为: 3.5118845842842465
数据集中学生年龄的最小值为: 18
数据集中学生年龄的下四分位数为: 20.0
数据集中学生年龄的中位数为: 22.0
数据集中学生年龄的上四分位数为: 23.5
数据集中学生年龄的最大值为: 25
```

观察程序的运行结果可知，在 DataFrame 对象或者 Series 对象上使用 count() 方法用于统计数据个数、mean() 方法用于统计平均值、std() 方法用于统计标准差、min() 和 max() 方法分别用于统计最大值和最小值、quantile() 方法用于统计百分位数（在参数为 0.25 和 0.75 时统计下四分位数和上四分位数）、median() 方法用于统计中位数。

（4）使用 groupby() 方法对数据进行分组统计，其程序如例 10_29 所示。

```
# 例 10_29 对 DataFrame 对象中的数据进行分组统计
import pandas as pd
Students = {
    "Name": ["Tom","Jack","Rose"],
    "Age": [22, 25, 18],
    "Sex": ["male", "male", "female"],
}
df = pd.DataFrame(Students)
```

< 182 >

```
print("数据集中不同性别的统计值为：")
print(df.groupby("Sex").describe())
```

上述程序中，将学生信息按照不同的性别进行了分组，因为性别数据只有男性和女性两种取值，所以结果中也应包含了这两组数据的统计项目。程序的运行结果如下：

```
数据集中不同性别的统计值为：
         Age
       count  mean      std    min    25%    50%    75%    max
Sex
female   1.0  18.0      NaN   18.0  18.00  18.0  18.00  18.0
male     2.0  23.5  2.12132  22.0  22.75  23.5  24.25  25.0
```

观察程序运行结果可知，结果中的分组统计效果与预期完全一致。

10.3 数据可视化模块 Matplotlib

数据可视化模块 Matplotlib 依赖于 NumPy 模块和 Tkinter 模块，利用它可以绘制多种样式的图形，包括线图、直方图、饼图、散点图、三维图等，且图形质量可满足出版要求，因此，它是数据可视化方面的重要工具。在终端中输入如下命令安装 Matplotlib 模块。

```
pip install matplotlib
```

安装完后，即可使用下方的导入语句将 Matplotlib 中的绘图模块导入到程序中进行使用。

```
import matplotlib.pyplot as plt
```

10.3.1　绘制正弦曲线

使用 Matplotlib 绘图模块进行图形绘制前，需要先构造两个元素数量相等的数值序列，并在调用 plot() 函数时将上述序列作为参数传递给函数，plot() 函数会将两个序列中的对应元素组合成平面坐标系中的一系列坐标值，最终完成图形绘制。例 10_30 所示程序的作用是在屏幕中绘制正弦曲线。

```
# 例 10_30 使用Matplotlib绘制正弦曲线示例
import numpy as np
import matplotlib.pyplot as plt
x = np.arange(0, 2*np.pi, 0.01)      # 创建等差数组作为自变量序列
y = np.sin(x)                        # 计算对应的因变量序列
plt.plot(x,y)                        # 以序列x和y中对应元素组成的坐标值绘制图形
plt.xlabel("x")                      # 为x轴添加标签
plt.ylabel("y")                      # 为y轴添加标签
plt.title("sin")                     # 为图形添加标题
plt.show()                           # 显示图形
```

上述程序中，变量 x 表示自变量序列，该序列为区间在 $[0, 2\pi]$ 上的等差数列，元素之间的差为 0.01，变量 y 表示因变量序列，该序列的每一个元素是 x 中对应元素的正弦值，在调用 plot() 函数时将自变量序列 x 和因变量序列 y 作为参数传递给 plot() 函数进行图形绘制。程序的运行结果如图 10-1 所示。

< 183 >

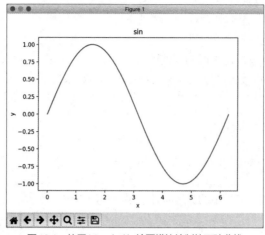

图 10-1　使用 Matplotlib 绘图模块绘制的正弦曲线

10.3.2　绘制散点图

使用 Matplotlib 绘图模块中的 scatter()函数可以绘制散点图，例如，例 10_31 所示程序的作用是在屏幕中绘制余弦函数的散点图。

```python
# 例 10_31 使用 Matplotlib 绘制余弦函数的散点图
import numpy as np
import matplotlib.pyplot as plt
x = np.arange(0, 2*np.pi, 0.1)          # 创建自变量序列
y = np.cos(x)                            # 根据自变量计算因变量序列
plt.scatter(x,y)                         # 以序列 x 和 y 中对应元素组成的坐标值绘制散点图
plt.xlabel("x")                          # 设置 x 轴标签
plt.ylabel("y")                          # 设置 y 轴标签
plt.title("cos")                         # 设置图形的标题
plt.show()                               # 显示图形
```

上述程序中，变量 x 表示的自变量序列依然为区间在[0,2π)上的等差数列，变量 y 表示因变量序列，其中的每一个元素是 x 中对应元素的余弦值，在调用 scatter()函数时将自变量序列 x 和因变量序列 y 作为参数传递给 scatter()函数进行散点图的绘制。程序的运行结果如图 10-2 所示。

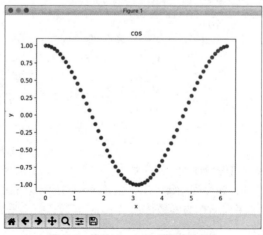

图 10-2　使用 Matplotlib 绘制的散点图

< 184 >

散点图是分析数据相关性常用的可视化方法。以下程序使用 NumPy 模块中的 random()函数生成 0~1 之间的随机数序列，并使用生成的随机数序列绘制散点图，具体程序如例 10_32 所示。

```
# 例 10_32 使用 Matplotlib 绘制随机散点图示例
import numpy as np
import matplotlib.pyplot as plt
x = np.random.random(50)                          # 生成随机数作为序列 1
y = np.random.random(50)                          # 生成随机数作为序列 2
plt.scatter(x,y,s = x*100,c='r',marker = '*')     # 绘制散点图，并指定点的大小、颜色和形状
plt.show()
```

上述程序中，序列 x 和序列 y 均为包含 50 个元素的随机数序列，由 x 和 y 中对应元素构成的坐标在绘制的散点图中呈均匀分布。在调用 scatter()函数进行散点图绘制的同时，指定参数 s 为 x*100，表示绘制出的点的尺寸为 x*100，即屏幕上的点从左向右逐渐变大；指定参数 c 为'r'，表示绘制出的点的颜色为红色；指定参数 marker 为'*'，表示以五角星作为点的形状进行绘制。程序的运行结果如图 10-3 所示。

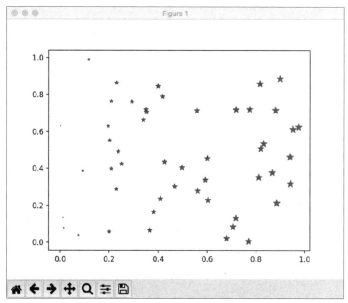

图 10-3　使用 Matplotlib 绘制的随机散点图

10.3.3　绘制饼图

使用 Matplotlib 绘图模块中的 pie()函数可以在屏幕中绘制饼图。例如，例 10_33 所示的程序是以一年中 4 个季节中晴天的百分比作为数据来源绘制饼图。

```
# 例 10_33 使用 Matplotlib 绘制饼图示例
import matplotlib.pyplot as plt
labels = ['Spring','Summer','Autumn','Winter']
x = [15,30,45,10]
plt.pie(x,labels = labels, autopct = '%.1f%%')
plt.title('Sunny days by season')
plt.show()
```

上述程序中，数值序列 x 包含了 4 个不同的整数，分别代表 4 个季节中晴天的百分比，通过调用 pie()函数绘制由序列 x 作为数据得到的饼图，其中参数 labels 用于指定饼图中各区域的标签，参数 autopct

< 185 >

用于指定图例的样式，此处设置为'%.1f%%'表示以保留 1 位小数的百分比格式进行显示。程序的运行结果如图 10-4 所示。

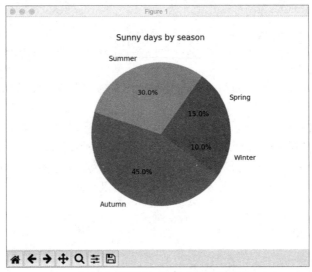

图 10-4　使用 Matplotlib 绘制的饼图

10.3.4　绘制直方图

使用 Matplotlib 绘图模块中的 bar()函数可以绘制直方图。例如，例 10_34 所示的程序是以不同城市的日均最高气温作为数据来源绘制直方图。

```
# 例 10_34 使用 Matplotlib 绘制直方图示例
import matplotlib.pyplot as plt
from matplotlib.font_manager import FontProperties
# macOS 操作系统中文字体的路径
ChineseFont = r"/System/Library/Fonts/STHeiti Medium.ttc"
# Windows 操作系统中文字体的路径
# ChineseFont = r'C:/Windows/Fonts/STKAITI.ttf'
myfont = FontProperties(fname=ChineseFont, size=12)

data = [25,30,32,34,34,23]
label = ['西宁','兰州','北京','上海','广州','拉萨']
plt.xticks(range(len(data)),label,fontproperties = myfont)
plt.xlabel("城市",fontproperties = myfont)
plt.ylabel("温度",fontproperties = myfont)
plt.title("8 月份日均最高气温",fontproperties = myfont)
plt.bar(range(len(data)),data)
for x,y in enumerate(data):
    plt.text(x,y,data[x],ha = 'center',va = 'bottom')
plt.show()
```

上述程序中，由于在标签中使用了中文文字，因此这里需要在程序中导入所需的中文字体文件，否则程序运行时无法正常显示中文文字；要特别注意，macOS 和 Windows 操作系统中字体文件的路径有所区别。程序中还使用了绘图模块的 xticks()函数用于将 x 轴上的数据改为城市名称，并构造循环使用 text()函数将数据序列 data 中的数值挨个放在直方图的顶端，提升图形的可视化效果。程序的运行结果如图 10-5 所示。

< 186 >

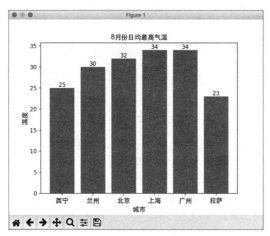

图 10-5　使用 Matplotlib 绘制的直方图

10.3.5　在图例中插入 LaTeX 公式

根据实际需要，还可以在图例中插入以 LaTeX 语法构造的数学公式。程序如例 10_35 所示。

```
# 例 10_35 在图形图例中插入 LaTex 数学公式
import numpy as np
import matplotlib.pyplot as plt
x = np.arange(0, 2*np.pi, 0.01)
y = np.sin(x)
z = np.cos(x)
#标签前后加$符号，将内嵌的 LaTex 语句显示为公式
plt.plot(x,y,label = "$sin(x)$",color = "red")
plt.plot(x,z,label = "$cos(x^2)$")
plt.title("sin-cos")
plt.legend()
plt.show()
```

上述程序中，由于使用了多组不同的自变量和因变量，因此在绘制的图形中可以得到多个不同的函数曲线。在调用 plot() 函数时，参数 label 用于指定图形的图例文字，其中以$符号包含的就是 LaTex 语法表示的数学公式（关于 LaTex 语法的内容，请参考其官方网站），参数 color 用于指定绘制图形的颜色，最后使用 legend() 将图例文字添加到图形中。程序的运行结果如图 10-6 所示。

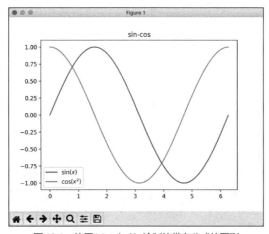

图 10-6　使用 Matplotlib 绘制的带有公式的图形

< 187 >

10.3.6 绘制三维图形

如果在调用 plot() 函数时指定了 3 个序列参数，则可以在绘图区域中绘制三维曲线。例如，例 10_36 所示的程序使用 Matplotlib 绘图模块绘制了三维曲线（螺旋线模型）。

```python
# 例 10_36 使用 Matplotlib 绘制三维曲线
import numpy as np
import matplotlib.pyplot as plt
plt.axes(projection = "3d")                          # 指定当前绘制的是三维图形
theta = np.linspace(-4*np.pi, 4*np.pi, 100)
z = np.linspace(-4,4,100)*0.3
r = z**3+1
x,y = r*np.sin(theta),r*np.cos(theta)
plt.plot(x,y,z,label = "3d")
plt.legend()
plt.show()
```

需要注意的是，在调用 plot() 函数进行三维图形绘制前，必须使用 axes(projection="3d") 方法将绘图区域设置为三维模型的绘图方式。上述程序的运行结果如图 10-7 所示。

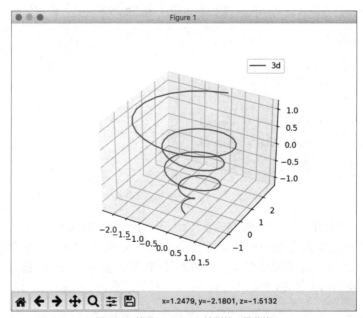

图 10-7　使用 Matplotlib 绘制的三维曲线

此外，还可以根据实际需要，使用 Matplotlib 绘图模块绘制三维图形，其程序如例 10_37 所示。

```python
# 例 10_37 使用 Matplotlib 绘制三维图形
import matplotlib.pyplot as plt
from mpl_toolkits.mplot3d import axes3d

x,y,z = axes3d.get_test_data(0.04)
ax = plt.axes(projection = '3d')
ax.plot_surface(x,y,z,rstride = 10,cstride = 10)
plt.show()
```

上述程序中，使用 Matplotlib 工具包中的 axes3d 模块生成了一组三维图形的测试数据，并通过语句 ax.plot_surface(x,y,z,rstride = 10,cstride = 10) 将其对应的三维图形绘制在屏幕上。程序运行结果如图 10-8 所示。

< 188 >

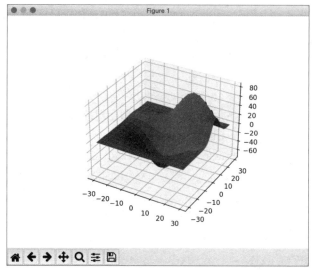

图 10-8　使用 Matplotlib 绘制的三维图形

10.4 本章小结

本章介绍了在 Python 中安装并使用第三方模块的具体方法。在数据分析和可视化的工作任务中常用的第三方模块包括数值计算模块 NumPy、数据处理与分析模块 pandas 及数据可视化模块 Matplotlib 等。

数值计算模块 NumPy 是 Python 进行数据处理的底层模块，掌握 NumPy 模块的使用方法是利用 Python 进行数据运算及机器学习的基础。NumPy 模块中的主要运算对象是数组，数组是一个具有矢量算术运算和复杂广播的快速且节省空间的数据类型。NumPy 模块支持数组的算术运算、关系运算和条件运算（数组对象可以像序列对象一样通过序号进行元素访问），也支持切片运算，同时 NumPy 模块中还提供大量支持批量数据运算的函数，极大提高了在 Python 中完成数值计算任务的效率。

数据处理与分析模块 pandas 是 Python 中最常见的数据处理工具，它提供了大量标准数据模型和操作大批量数据所需的方法与函数。pandas 模块使用数据集 DataFrame 存储大量数据，程序员可以方便地对数据集中的数据进行筛选、修改及完成各种分析、统计任务。

数据可视化模块 Matplotlib 是一个基于 Python 的绘图模块。使用 Matplotlib 绘图模块不仅可以在屏幕中绘制需要的图形，还可以在交互式环境中生成出版质量的图形数据。编程时，使用 Matplotlib 绘图模块可以只用几行程序就轻松生成函数图形、散点图、饼图、直方图等可视化图形，还可以根据工作需要绘制三维图形，大幅度提升了 Python 程序的数据可视化能力。

10.5 课后习题

一、单选题

1. 使用 NumPy 创建数组对象 array([5., 5., 5., 5., 5.])，以下语句中，（　　）是错误的。

　　A.　x = np.array([5, 5, 5, 5, 5])　　　　　　B.　x = np.array([1, 1, 1, 1, 1] * 5)

　　C.　x = np.ones([5]) * 5　　　　　　　　　D.　x = np.array([5] * 5)

< 189 >

2. a 是 NumPy 数组对象[1 ,2 ,3]，b 是 NumPy 数组对象[[1, 2, 3], [4, 5, 6], [7, 8, 9]]，则 a * b 的运行结果是（　　）。

    A. [[1, 4, 9],   B. [[2, 4, 6],   C. [[0, 0, 0],   D. 以上都不正确

        [4, 10, 18],   [5, 7, 9],   [−3, −3, −3],

        [7, 16, 27]]   [8, 10, 12]]   [−6, −6, −6]]

3. 以下选项中，属性（　　）的返回值是 NumPy 数组对象 arr 的元素个数。

    A. arr.count   B. arr.shape   C. arr.size   D. arr.len

4. 程序中声明了数组对象 n = np.arange(24).reshape(2, −1 , 2, 2)，则 n.shape 的值为（　　）。

    A. (2, 3, 2, 2)   B. (2, 2, 2, 2)   C. (2, 4, 2, 2)   D. (2, 6, 2, 2)

5. 以下程序的运行结果是（　　）。

```
import numpy as np
a = np.array([[4,5],[7,8]])
weights = [0.4,0.6]
a_avg_0 = np.average(a,axis = 0,weights = weights)
print(max(a_avg_0))
```

    A. 7.4   B. 6.2   C. 6.8   D. 7.6

6. 使用 DataFrame 对象的 describe()方法求出的基本统计数据，不包括下列选项中的（　　）。

    A. 平均值   B. 标准差   C. 方差   D. 样本个数

7. 程序中声明了 DataFrame 对象 df，则语句 df.min()的返回值为（　　）。

    A. 整个数据表中的最小值   B. 数据表中每一列的最小值

    C. 数据表中每一行的最小值   D. 以上选项均不正确

8. 以下表达式中，（　　）表示获取 DataFrame 对象 df 中 Jack 的年龄。

    A. df.at["Jack","Age"]   B. df.at["Age","Jack"]

    C. df.iat["Jack","Age"]   D. df.iat["Age","Jack"]

9. 使用 Matplotlib 绘图模块中的 scatter()函数可以绘制散点图，其中若参数 marker 的值为'*'，表示以（　　）作为点的形状进行图形绘制。

    A. 菱形   B. 三角形   C. 叉叉形状   D. 五角星形

10. 使用 Matplotlib 绘图模块中的 bar()函数可以绘制（　　）。

    A. 折线图   B. 饼图   C. 直方图   D. 箱形图

二、填空题

1. 以下程序运行结果的第一行是＿＿＿＿＿，第二行是＿＿＿＿＿。

```
import numpy as np
a = np.arange(1,11)
b = np.where(a>5,[1]*10,[0]*10)
print(len(b))
print(sum(b))
```

2. 以下程序的运行结果是＿＿＿＿＿。

```
import numpy as np
a = np.arange(1,4)
print(a.dot(a))
```

3. 假设程序中有一个二维数组对象 a，则表达式 numpy.sum(a, axis = 1)是按照＿＿＿＿＿（行/列）对数组 a 进行求和。

4. 使用 DataFrame 对象的 head()方法和 tail()方法可以筛选数据集中的头部或尾部的若干条数据，其中的参数用于指定筛选后得到的数据条数，默认情况下为＿＿＿＿＿条数据。

< 190 >

5. 如果要在原 DataFrame 对象中直接删除数据，我们可以在调用 drop()方法时指定参数 inplace 的值为_____。

6. 使用 DataFrame 对象的 sort_value()方法对数据进行排序，其中参数_____的值表示依据数据表中哪一列的内容进行排序。

7. 使用 DataFrame 或者 Series 对象的_____方法可以统计出其所包含数据的百分位数。

8. 使用 Matplotlib 绘图模块中的_____函数可以绘制饼图。

9. 在调用 Matplotlib 模块中 plot()函数时，参数 label 用于指定图形的图例文字，其中以符号_____包含的就是 LaTex 语法表示的数学公式。

三、编程题

1. 编写程序，完成以下要求效果：使用 Matplotlib 模块绘制抛物线 $y = x^2 + 2$ 的函数图像，要求以散点图的形式绘制 $x \in [-1,1]$ 之间的图像，且散点图中要求包含图例，如图 10-9 所示。

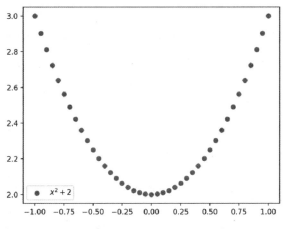

图 10-9　绘制 $y=x^2+2$ 在区间 $x\in[-1,1]$的散点图

2. 编写程序，完成以下要求效果：统计 Python 之禅中，每个单词出现的次数，并用饼图显示其中出现次数最多的前 10 个单词（单词作为标签，图例为出现的次数），如图 10-10 所示。Python 之禅的内容可由以下两条语句获取：

```
from this import *
zen = "".join([d.get(c, c) for c in s])
```

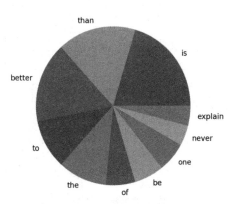

图 10-10　绘制饼图显示出现次数最多的 10 个单词

< 191 >

## 第 11 章

学生成绩管理系统的设计与实现

学习目标

- 学会使用 Python 设计并开发一个完整的软件系统。
- 能够根据问题的求解需要定义合理的数据结构、设计正确的程序算法。
- 掌握包、模块、函数在软件系统中的实现方法，能够合理划分程序的功能模块。

到目前为止，Python 语言的完整知识已经介绍完毕了。本章以开发一款学生成绩管理系统作为实践范例，演示如何使用 Python 语言创建一款完整的软件系统。

11.1 系统概述

一款综合的学生成绩管理系统要求能够管理若干学生各门课程的成绩，需要实现以下功能：读取以数据文件形式存储的学生信息；按学号插入、修改、删除学生的信息；按照学号、姓名、名次等方式查询学生信息；按照学号顺序浏览学生信息；统计每门课的最高分、最低分和平均分；计算每名学生的总分并进行排名。

根据要求的功能，用面向对象及结构化程序设计的思想，设计项目包含的数据类型并将系统分成 5 个功能模块：显示基本信息模块、基本信息管理模块、学生成绩管理模块、考试成绩统计模块和根据条件查询模块。有些功能模块下又有不同的子模块，如图 11-1 所示。

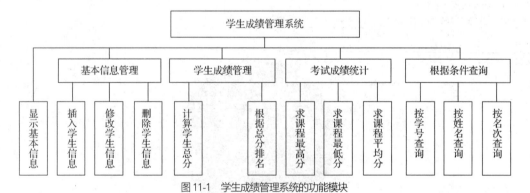

图 11-1　学生成绩管理系统的功能模块

为实现该系统，需要解决以下问题。

（1）数据的表示。用什么样的数据类型能够正确、合理、全面地表示学生的信息，每名学生必须有哪些信息。

（2）数据的存储。用什么样的结构存储学生的信息，才有利于提高可扩充性并方便操作。

（3）数据的永久存储。数据以怎样的形式保存在磁盘上，才能避免重复录入数据。

（4）如何能做到便于操作，即人机交互的界面友好，方便用户操作。

（5）如何抽象各个功能，才能做到代码复用程度高，函数的接口尽可能简单明了。

接下来就从数据类型的定义开始实现系统。

11.2 数据类型的定义

根据系统要求，一名学生的信息包含表 11-1 所示的几个方面。

表 11-1　学生信息表

需要表示的信息	成员名	类型	成员值的获得方式
学号	num	字符串型	用户输入
姓名	name	字符串型	用户输入
性别	gender	字符串型	用户输入
3 门课程的成绩	score	字典型	用户输入
总分	total	整型	根据 3 门课程成绩计算
名次	rank	整型	根据总分计算

显然，将不同类型的数据作为一个对象的不同属性，应该用类来定义。定义学生信息类的代码片段如例 11_1 所示。

```
# 例11_1 Sutdent.py 中用于定义学生信息类的代码片段
class Student(object):
    # 学生信息类
    def __init__(self,num = '',name = '',gender = '',\
                 score={"语文":0,"数学":0,"英语":0},total = 0,rank = 0):
        self.__num = num                        # 学号
        self.__name = name                      # 姓名
        self.__gender = gender                  # 性别
        self.__score = score                    # 3门课成绩
        self.__total = None                     # 总分
        self.__rank = None                      # 名次
```

上述程序中，在学生信息类 Student 的初始化函数的参数中，依次接收学生对象的学号、姓名、性别和 3 门课成绩，并用接收到的参数完成对象私有属性的初始化，其中 3 门课总分和名次由成绩统计模块计算得到。同时，为了存放多名学生的信息，主程序中应该定义 Student 类对象的列表，学生信息在内存中以顺序存储的方式存放。在这种方式下，有足够大的连续内存空间保证可以存放下所有信息，使访问任意数组元素方便、快捷、效率高。

11.3 为学生类型定制的基本操作

之前分析了该系统中表示学生信息类的具体定义，为了完成系统既定的功能，接下来需要对保存

< 193 >

在学生信息列表中的学生信息对象进行相应的操作，以函数的形式体现在程序中，并且这些函数将会在后续的各个模块中进行调用。

由图 11-1 可知，对学生信息列表或者学生信息对象应该进行下列基本操作：读入一名或一批学生信息、输出一名或一批学生信息、按条件查找学生信息、删除学生信息、修改学生信息、按照不同属性对学生信息排序、求 3 门课程的总分和成绩的名次、求各门课程的统计数据等，以及在这些函数中会用到的按一定条件对两名学生的指定属性进行属性值的比较。

因此，将基于 Student 类基本操作的定义和实现放在 Student.py 文件中，其程序如例 11_2 所示。

```python
# 例11_2 在 Sutdent.py 中定义操作学生信息的函数
class Student(object):
    # 学生信息类
    def __init__(self,num = '',name = '',gender = '',\
                score = {"语文":0,"数学":0,"英语":0},total = 0,rank = 0):
        self.__num = num                        # 学号
        self.__name = name                      # 姓名
        self.__gender = gender                  # 性别
        self.__score = score                    # 3门课成绩
        self.__total = None                     # 总分
        self.__rank = None                      # 名次

    def __str__(self):
        s = "{:<8}{:<8}{:<8}{:<8}{:<8}{:<8}{:<8}{:<8}".format(
            self.__num,self.__name,self.__gender,
            self.__score["语文"],self.__score["数学"],self.__score["英语"],
            self.__total,self.__rank)
        return s

    def getNum(self):
        return self.__num

    def getName(self):
        return self.__name

    def getGender(self):
        return self.__gender

    def getScore(self):
        return self.__score

    def getTotal(self):
        return self.__total

    def getRank(self):
        return self.__rank

    def calcTotal(self):
        self.__total = sum(self.__score.values())

    def calcRank(self,scores):
        count = 1
        for score in scores:
            if score>self.__total:
                count += 1
        self.__rank = count
```

< 194 >

```
def readStu(stuList,n = 20):
    # 读入学生对象信息, 学号为 0 或读满规定条数信息时停止
    while n>0:
        print("请输入一名学生的详细信息 (学号为 0 时结束输入): ")
        num = input("学号: ")                          # 输入学号
        if num == '0':                                 # 学号为 0 停止输入
            break
        else:
            # 学号相同不允许插入, 保证学号的唯一性
            if searchStu(stuList,num,"学号")!=[]:
                print("列表中存在相同的学号, 禁止插入! ")
                return len(stuList)
        name = input("姓名: ")                          # 输入名字
        gender = input("性别: ")                        # 输入性别
        score = {}                                      # 创建空字典用于存放 3 门课的成绩
        print("请输入该学生 3 门课程的成绩, 用空格分隔: ")
        score["语文"],score["数学"],score["英语"] = map(float,input().split())
        oneStu = Student(num,name,gender,score)
        stuList.append(oneStu)
        n=n-1
    return len(stuList)                                 # 返回实际读入的学生信息条数

def printStu(stuList):
    # 输出所有学生对象的属性值
    for stu in stuList:
        print(stu)

def searchStu(stuList,keyword,condition):
    result = []
    for i in range(len(stuList)):
        if condition == "学号" and stuList[i].getNum() == keyword:
            result.append(i)
        elif condition == "姓名" and stuList[i].getName() == keyword:
            result.append(i)
        elif condition == "排名" and stuList[i].getRank() == int(keyword):
            result.append(i)
        elif condition == "总分" and stuList[i].getTotal() == float(keyword):
            result.append(i)
    return result

def deleteStu(stuList,num):                             # 从列表中删除指定学号的一个元素
    for stu in stuList:                                 # 寻找待删除的元素
        if stu.getNum() == num:                         # 如果找到相等元素
            stuList.remove(stu)                          # 删除对应的元素
            print("已删除指定学号的学生信息")
            break
    else:                                               # 如果找不到待删除的元素
        print("该学生不存在, 删除失败! ")                 # 给出提示信息后返回

def compare(s1,s2,condition):
    # 根据 condition 中指定的属性名比较两个 Student 对象属性值的大小
    if condition == "学号":
        return s1.getNum() > s2.getNum()
```

< 195 >

```
    if condition == "姓名":
        return s1.getName() > s2.getName()
    if condition == "总分":
        return s1.getTotal() > s2.getTotal()

def sortStu(stuList,condition):                    # 选择排序法，按条件 condition 由小到大排序
    for i in range(0,len(stuList)-1):              # 控制循环的 n-1 趟
        minpos = i                                 # minpos 用来存储本趟最小元素所在下标
        for j in range(i+1,len(stuList)):          # 寻找本趟最小元素所在的下标
            if compare(stuList[minpos],stuList[j],condition):
                minpos = j
        if i != minpos:                            # 保证本趟最小元素到达下标为 i 的位置
            stuList[i],stuList[minpos] = stuList[minpos],stuList[i]
```

　　这里的函数主要涉及输入/输出、查找、插入、删除、求最值、求平均值等功能，我们对其中的部分函数做如下说明。

　　（1）readStu()和 printStu()函数是实现读入或输出 *n* 条学生信息的功能。当实参 n 为 1 时，这两个函数的功能是读入或输出一条学生信息，之所以这样设计是因为在后续的程序中有时需要对单条学生信息进行输入/输出处理，而有时则是对多条学生信息进行批量输入/输出处理。

　　（2）compare()函数中的形式参数 condition 是为了使函数更通用。因为程序中需要用到多种判断相等的方式：按学号、按分数、按名次、按姓名，没有必要分别写出 4 个判断相等的函数，所以用同一个函数实现。通过 condition 参数来区别到底需要按什么条件进行判断，简化了程序的实现。

　　（3）学生类中的 calcRank()函数用来计算学生的名次。在该函数中，要考虑到相同总分的学生名次也应该相同，并且在有并列名次的情况下，后续同学的名次应该跳过空的名次号。例如，有两名学生并列第 5 名，则下一个分数的学生应该是第 7 名而不是第 6 名。

　　（4）searchStu()函数用来实现按一定条件查询学生信息的功能，查询的依据条件包括学号、姓名、名次。本程序中，只有按学号查询得到的结果是唯一的，因为在进行插入、删除等基本信息的管理时已经保证了学号的唯一性。按姓名及名次查询都有可能得到多条学生信息。因此，该函数的返回值为包含所有查询到的符合查询条件的学生下标的列表，后续的程序根据列表中的下标即可对搜索到的学生信息进行迭代访问。

　　这些定义在程序 Student.py 中的函数将在主模块的各个子功能相应位置进行调用。

11.4 用文本文件实现数据的永久保存

　　为了将学生信息永久保存在外存中，程序中需要设计文件读取和写入的相关函数。例如，主程序每次运行时，将调用 readFile( )函数打开文件，从文件中将一条条学生信息读取到内存，保存在学生信息列表中。如果此时数据文件不存在，则调用建立初始文件的函数 createFile( )，将从键盘读入的一条条学生信息存入文件中；在程序每次运行结束时，调用 saveFile( )函数将内存中的所有学生信息保存到文件中。

　　关于数据文件的 createFile()、readFile()、saveFile 这 3 个函数定义在 file.py 文件中。程序如例 11_3 所示。

```
# 例 11_3 file.py 文件用来建立、读取与保存数据文件
from student import *
```

< 196 >

```
# stuList 为存储 Student 类的对象的列表
def createFile(stuList):                        # 建立初始的数据文件
        print("请初始化学生数据: ")
        print("-"*30)
        readStu(stuList)                        # 调用 Student.py 中的函数读入数据
        saveFile(stuList)
        return len(stuList)


def readFile(stuList):                          # 将文件的内容读出置于对象列表 stu 中
    try:
        with open('student.txt','r',encoding = "UTF-8") as file:
            for line in file.readlines():
                if line! = "":
                    s = line.rstrip('\n').split(',')
                    num,name,gender = s[0],s[1],s[2]
                    score = {"语文":float(s[3]),"数学":float(s[4]),"英语":float(s[5])}
                    total,rank = float(s[6]),int(s[7])
                    oneStu = Student(num,name,gender,score,total,rank)
                    stuList.append(oneStu)
            return len(stuList)                 # 返回记录条数
    except FileNotFoundError:
        print("数据文件不存在! ")                # 若打开失败, 输入提示信息
        return 0                                # 因为数据文件不存在, 返回 0, 表示无学生数据


def saveFile(stuList):                          # 将对象列表的内容写入文件
    try:
        with open('student.txt','w',encoding = "UTF-8") as file:
            tab = ','
            for oneStu in stuList:
                s = oneStu.getNum()+tab+oneStu.getName()+tab+oneStu.getGender()+tab+\
                    str(oneStu.getScore()['语文'])+tab+str(oneStu.getScore()['数学'])+\
                    tab+str(oneStu.getScore()['英语'])+tab+str(oneStu.getTotal())+\
                    tab+str(oneStu.getRank())+'\n'
                file.write(s)
    except IOError:
        print("文件打开错误! ")                   # 如果打开失败, 输出信息
        exit(0)                                 # 退出程序
```

对上述程序的内容做如下说明。

（1）程序中采用文本文件的方式进行学生信息的存取，其主要目的就是方便使用者使用其他文本编辑器对数据进行查阅和编辑。实际工作中，根据需要将数据信息保存在二进制文件中，这样可以在一定程度上防止用户对系统中的数据进行读取和篡改。

（2）为了方便读取，程序中将每一名学生的信息写在了数据文件的单独一行内，这样在进行读取操作时，只需根据换行符就可以轻松分割多条学生信息。但是在读取学生信息后，Python 并不会自动删除每一条数据最后的换行符，程序员需要在程序中手工进行处理，具体的处理方法是调用字符串对象的 rstrip('\n') 方法。

（3）在一条数据中，为了能够区分不同的属性值，程序中使用英文半角逗号作为属性值之间的分隔符，有效提升了文本文件的可读性，即在文本文件中一行就是一条学生数据，一条学生数据的若干个属性又被逗号分隔，因此在读取的时候，只需使用字符串对象的 split(',') 方法，即可轻松地获取学生对象的各个属性值。同样地，在保存数据时，变量 tab 表示的是一个英文半角逗号，程序中将其用于连接学生对象的各个属性，构成一行完整的文本数据后再存放到数据文件中。

< 197 >

11.5 用两级菜单、四层函数实现系统

系统的实现充分考虑模块的合理划分、代码的可重用性等问题，完整的程序由 3 个文件组成：student.py、file.py、main.py。在 Python 环境下，应将以上 3 个文件加入同一个项目中，并保存于同一个文件夹下。

所有的菜单都是通过定义函数，并被其他函数调用后显示，以起到提示作用。根据操作时显示的顺序，这里 5 个菜单分为两级。两级菜单的使用提高了人机交互性，而且同一层菜单可多次选择再结束，操作更便捷、灵活。

对照图 11-1，各菜单的具体信息如表 11-2 所示。

表 11-2　系统中的各个菜单的具体信息

菜单 比较项	主菜单	基本信息管理菜单	学生成绩管理菜单	考试成绩统计菜单	根据条件查询菜单
函数名	menu()	menuBase()	menuScore()	menuCount()	menuSearch()
对应功能模块	学生成绩管理系统	基本信息管理	学生成绩管理	考试成绩统计	根据条件查询
被哪个函数调用	main()函数	baseManage()函数	scoreManage()函数	countManage()函数	searchManage()函数

main.py 文件中共定义了 13 个函数，每一个函数的功能明确，代码简洁，使得整个系统很好地体现了模块化程序设计思想。根据函数之间的调用关系，分为四层函数，代码如例 11_4 所示。

```python
# 例 11_4 main.py 主程序用来主导整个程序的执行
from file import *
from student import *

def printHead():
    # 输出学生信息表头
    print('-'*30)
    print('学号\t姓名\t性别\t语文\t数学\t英语\t总分\t名次')

def menu():
    # 主（顶层）菜单函数
    print('-'*30)
    print('1.显示基本信息')
    print('2.基本信息管理')
    print('3.学生成绩管理')
    print('4.考试成绩统计')
    print('5.根据条件查询')
    print('0.退出          ')
    print('-'*30)

def menuShow():
    # 1.显示基本信息菜单函数
    print('-'*30)
    print('1.按学号显示信息')
    print('2.按姓名显示信息')
    print('3.按总分显示信息')
    print('0.返回上层菜单')
    print('-'*30)
```

< 198 >

```
def menuBase():
    # 2.基本信息管理菜单函数
    print('-'*30)
    print('1.插入学生信息')
    print('2.删除学生信息')
    print('3.修改学生信息')
    print('0.返回上层菜单')
    print('-'*30)

def menuScore():
    # 3.学生成绩管理菜单函数
    print('-'*30)
    print('1.计算学生总分')
    print('2.根据总分排名')
    print('0.返回上层菜单')
    print('-'*30)

def menuCount():
    # 4.考试成绩统计菜单函数
    print('-'*30)
    print('1.求课程最高分')
    print('2.求课程最低分')
    print('3.求课程平均分')
    print('0.返回上层菜单')
    print('-'*30)

def menuSearch():
    # 5.根据条件查询菜单函数
    print('-'*30)
    print('1.按学号查询   ')
    print('2.按姓名查询   ')
    print('3.按名次查询   ')
    print('0.返回上层菜单')
    print('-'*30)

def showManage():
    global stuList
    # 该函数完成数据展示功能，提示用户按照学号、姓名、总分排名展示数据
    while True:
        menuShow()
        choice = input("请输入您的选择（0-3）: ")
        if choice == '1':
            sortStu(stuList,"学号")
        elif choice == '2':
            sortStu(stuList,"姓名")
        elif choice == '3':
            sortStu(stuList,"总分")
            stuList = stuList[::-1]
        else:
            break
        printHead()
        printStu(stuList)
```

< 199 >

```python
def baseManage():
    # 该函数完成基本信息管理, 按学号进行插入、删除、修改, 学号不能重复
    while True:                                    # 按学号进行插入、删除、修改, 学号不能重复
        menuBase()                                 # 显示对应的二级菜单
        choice = input("请输入您的选择（0～3）: ")
        if choice == '1':
            readStu(stuList,1)                      # 读入一条待插入的学生记录
        elif choice == '2':
            num = input("请输入需要删除的学生学号: ")
            deleteStu(stuList,num)                  # 调用函数删除指定学号的学生记录
        elif choice == '3':
            num = input("请输入需要修改的学生学号: ")
            found = searchStu(stuList,num,"学号")  # 调用函数查找指定学号的学生记录
            if found != []:                         # 如果该学号的记录存在
                newStu = []
                readStu(newStu,1)                   # 读入一条完整的学生记录信息
                stuList[found[0]] = newStu[0]       # 将刚读入的记录赋值给需要修改的学生记录
            else:
                print("该学生不存在, 无法修改其信息! ")
        else:
            break

def scoreManage():
    # 该函数完成学生成绩管理功能
    while True:
        menuScore();                               # 显示对应的二级菜单
        choice = input("请输入您的选择（0～2）: ")
        if choice == '1':
            for stu in stuList:
                stu.calcTotal()
            print("计算所有学生总分完毕! ")
        elif choice == '2':
            scores = [stu.getTotal() for stu in stuList]
            for stu in stuList:
                stu.calcRank(scores)
            print("计算所有学生排名完毕! ")
        else:
            break

def countManage():
    # 该函数完成考试成绩统计功能
    while True:
        menuCount()                                # 显示对应的二级菜单
        choice = input("请输入您的选择（0～3）: ")
        if choice == '1':
            print("3 门课最高分的同学分别是: ")
            print("语文: ",max(stuList,key = lambda stu:stu.getScore()["语文"]))
            print("数学: ",max(stuList,key = lambda stu:stu.getScore()["数学"]))
            print("英语: ",max(stuList,key = lambda stu:stu.getScore()["英语"]))
        elif choice == '2':
            print("3 门课最低分的同学分别是: ")
            print("语文: ",min(stuList,key = lambda stu:stu.getScore()["语文"]))
            print("数学: ",min(stuList,key = lambda stu:stu.getScore()["数学"]))
```

< 200 >

```
            print("英语: ",min(stuList,key = lambda stu:stu.getScore()["英语"]))
        elif choice == '3':
            print("3 门课的平均分是: ")
            print("语文: ",sum([stu.getScore()["语文"] for stu in stuList])/len(stuList))
            print("数学: ",sum([stu.getScore()["数学"] for stu in stuList])/len(stuList))
            print("英语: ",sum([stu.getScore()["英语"] for stu in stuList])/len(stuList))
        else:
            break

def searchManage():
    # 该函数完成根据条件查询功能
    while True:
        menuSearch()                                    # 显示对应二级菜单
        choice = input("请输入您的选择（0～3）: ")
        if choice == "1":
            keyword,condition = input("请输入待查询学生的学号: "),"学号"
        elif choice == "2":
            keyword,condition = input("请输入待查询学生的姓名: "),"姓名"
        elif choice == "3":
            keyword,condition = int(input("请输入待查询学生的名次: ")),"排名"
        else:
            break
        found=searchStu(stuList,keyword,condition)
                                                        # 查找的符合条件元素的下标存于 found 列表中
        if found:                                       # 如果查找成功
            printHead()                                 # 输出表头
            for i in found:                             # 循环控制 found 列表的下标
                print(stuList[i])                       # 每次输出一条记录
        else:
            print("查找的记录不存在")                       # 如果查找不到元素, 则输出提示信息

def runMain(choice):
    # 主控模板, 对应于下一级菜单, 其下各功能选择执行
    if choice == '1':
        showManage()                                    # 1.显示基本信息
    elif choice == '2':
        baseManage()                                    # 2.基本信息管理
    elif choice == '3':
        scoreManage()                                   # 3.学生成绩管理
    elif choice == '4':
        countManage()                                   # 4.考试成绩统计
    elif choice == '5':
        searchManage()                                  # 5.根据条件查询

if __name__ == "__main__":
    stuList = []                                        # 定义实参一维列表存储学生记录
    n = readFile(stuList)                               # 首先读取文件, 记录条数返回赋值给 n
    if n == 0:                                          # 如果原来文件为空
        n=createFile(stuList)                           # 则需创建文件, 读入一系列学生信息
    print('-'*30)
    print('欢迎您使用学生成绩管理系统')
    while True:
        menu()                                          # 显示主菜单
```

< 201 >

```
    choice = input("请输入您的选择（0～5）: ")
    if choice == '0':
        print("感谢您的使用，再见！")
        saveFile(stuList)
        break                              # 退出循环，停止接收用户的输入
    elif choice > '0' and choice <= '5':
        runMain(choice)                    # 通过调用此函数进行一级功能项的选择执行
    else:
        print("输入错误，请重新输入！")
```

对上述程序的内容做如下说明。

（1）如果第一次运行，数据文件是空的，则会自动调用 createFile() 函数，用户需要先从键盘上输入一系列元素，程序执行保存操作。

（2）在运行插入、删除、修改之后，一定要注意，必须选择第 3 个一级菜单功能，即 "3.学生成绩管理" 功能，并且重新选择其下的两个子菜单分别计算总分和排名，这样才能将学生信息中的成绩与排名情况更新至最新。

（3）每一级菜单函数都放在循环体中调用，目的是使得每一次操作结束后，重新显示菜单。该系统的功能划分还可以有其他的方法，请读者自行设计其他的方案。

（4）在开发系统时，一定要考虑数据的存储问题，因为每次运行原始数据都从键盘读入是不科学，也是不可行的，所以文件的操作非常重要。对应于对象列表或字典类型的数据用文本文件更为直观，用户也可根据需要选择使用二进制形式保存数据至文件中。

（5）友好的人机交互界面将极大方便用户，这一点也是系统设计时需要考虑的问题。开发者一定要将用户理解为完全不懂程序，只是在一个易操作的界面指导下使用程序完成特定功能。因此，菜单设计既要清晰、合理，又要充分考虑程序中的意外错误，提示信息要丰富、完整。

11.6 本章小结

本章介绍了在 Python 中进行小型信息管理系统的设计和开发过程。在设计和开发一款完整的软件系统时，对系统要实现的功能应该按自顶向下、逐步细化和程序模块化的思想进行结构化设计，这是软件设计中非常重要的设计原则。每一个功能用一个或多个函数对应实现，在设计时充分考虑：对功能的抽象，如何定义函数，使函数的功能更加通用，能为多个功能提供服务；如何用程序表示函数功能需要使用的数据类型，以及在数据类型中定义必要的属性和方法；系统中函数与函数之间怎样传递数据，即参数和返回值类型如何设定；每一个函数的功能如何做到结构清晰、代码简洁明了。上述这些问题都是系统设计中非常重要的问题。

< 202 >

本书中的配套实验，实验环境为 Python 3.8，每次实验大约需要 2 个学时，每个实验中给出的参考程序仅供读者参考。

实验一 使用 Turtle 模块绘制七巧板

实验目的

- 了解和掌握 Python 程序的编辑和运行方法。
- 掌握 Python 中 Turtle 库的使用方法。
- 掌握使用 Turtle 库绘制图形的一般流程。

实验内容

使用 Python 提供的内置 Turtle 库绘制七巧板，效果如图附-1 所示，且其可以按比例缩放。除了拼出默认的方形，建议读者也可以编写程序将图中的色块自由组合成其他的形状。

图附-1 绘制七巧板

参考程序：

```python
import turtle
# 去掉色块周围的轮廓线
turtle.pensize(0)
```

```
# 绘制上方三角形
turtle.color("#caff67")
turtle.begin_fill()
turtle.goto(200,200)
turtle.goto(-200,200)
turtle.end_fill()
# 绘制左方大三角形
turtle.color("#67becf")
turtle.begin_fill()
turtle.goto(-200,-200)
turtle.home()
turtle.end_fill()
# 绘制中间小三角形
turtle.color("#f9f51a")
turtle.begin_fill()
turtle.goto(100,100)
turtle.goto(100,-100)
turtle.end_fill()
# 绘制右边平行四边形
turtle.color("#ef3d61")
turtle.begin_fill()
turtle.goto(100,100)
turtle.goto(200,200)
turtle.goto(200,0)
turtle.end_fill()
# 绘制右下三角形
turtle.color("#f6ca29")
turtle.begin_fill()
turtle.goto(200,-200)
turtle.goto(0,-200)
turtle.end_fill()
# 绘制下方正方形
turtle.color("#a594c0")
turtle.begin_fill()
turtle.goto(100,-100)
turtle.goto(0,0)
turtle.goto(-100,-100)
turtle.end_fill()
# 绘制左下三角形
turtle.color("#fa8ecc")
turtle.begin_fill()
turtle.goto(0,-200)
turtle.goto(-200,-200)
turtle.end_fill()
# 绘制完毕
turtle.hideturtle()
turtle.done()
```

实验二　程序的流程控制

实验目的

- 了解程序的 3 种常见流程结构。

< 204 >

- 掌握 Python 中分支结构程序的一般书写方法。
- 掌握 Python 中循环结构程序的一般书写方法。

实验内容

（1）编写程序，接收用户从键盘上输入的 3 个整数，求出其中的最小值并输出在屏幕上。

参考程序：

```
num1,num2,num3 = eval(input())
min = num1
if num2 < min:
    min = num2
if num3 < min:
    min = num3
print(min)
```

（2）编写程序，接收用户从键盘输入的一个 1~7 的整数，该整数表示一个星期中的第几天，在屏幕上输出对应的英文单词。（提示：1 表示星期一，7 表示星期日）

参考程序：

```
num = int(input())
if num == 1:
    print("Monday")
elif num == 2:
    print("Tuesday")
elif num == 3:
    print("Wednesday")
elif num == 4:
    print("Thursday")
elif num == 5:
    print("Friday")
elif num == 6:
    print("Saturday")
elif num == 7:
    print("Sunday")
```

（3）编写程序，输出 10~50 中所有 3 的倍数，并规定一行输出 5 个数。（提示：不要忘记一行输出 5 个数）

参考程序：

```
count = 0
for num in range(10,51):
    if num%3 == 0:
        count += 1
        if count%5 != 0:
            print(num,end = ' ')
        else:
            print(num)
```

（4）编写程序，输出 100~1000 中的水仙花数。水仙花数是指一个其各位数字的立方和等于该数本身的整数。例如，153 是一个水仙花数，因为 $153=1^3+5^3+3^3$。

参考程序：

```
for i in range(100,1000):
    a = i//100
    b = i//10%10
    c = i%10
    if a**3+b**3+c**3 == i:
        print(i)
```

< 205 >

（5）编写程序，输出由*组成的倒三角形，其中需要利用循环语句输出图附-2 所示的图案。（提示：本题可以使用格式化字符串中的格式控制功能将字符串进行居中处理）

```
* * * * * * *
 * * * * *
  * * *
   *
```

图附-2　倒三角形图案的绘制

参考程序：

```
for i in range(4,0,-1):
    print("  "*(4-i),end = "")
    for j in range(i*2-1,1,-1):
        print("*",end = " ")
    print("*")
```

（6）编写程序，输出如下形式的九九乘法口诀表。（提示：为了让算式对齐显示，每个算式的结果占 2 个字符宽度，且每条算式后保留一个空格）

```
1*1= 1
2*1= 2 2*2= 4
3*1= 3 3*2= 6 3*3= 9
4*1= 4 4*2= 8 4*3=12 4*4=16
5*1= 5 5*2=10 5*3=15 5*4=20 5*5=25
6*1= 6 6*2=12 6*3=18 6*4=24 6*5=30 6*6=36
7*1= 7 7*2=14 7*3=21 7*4=28 7*5=35 7*6=42 7*7=49
8*1= 8 8*2=16 8*3=24 8*4=32 8*5=40 8*6=48 8*7=56 8*8=64
9*1= 9 9*2=18 9*3=27 9*4=36 9*5=45 9*6=54 9*7=63 9*8=72 9*9=81
```

参考程序：

```
for i in range(1,10):
    for j in range(1,i+1):
        print("{}*{}={:2}".format(i,j,i*j),end = " ")
    print()
```

实验三　函数的定义和调用

实验目的

- 了解函数在程序中的作用。
- 掌握 Python 中自定义函数的使用方法。
- 掌握 Python 中常见内置库函数的使用方法。

实验内容

（1）编写程序，验证哥德巴赫猜想之一：2000 以内的正偶数（大于或等于 4）都能够分解为两个质数之和，其中每个偶数表达成形如 4=2+2 的形式，每行输出 6 个式子。（提示：依照题意，应该将判断某个整数是否为质数的功能定义为一个函数，函数的输入为该整数，输出为逻辑类型数据 True 或者 False；在主程序中构造循环，在循环体内将需要判断的数 n 拆成 i 和 $n-i$（i 和 $n-i$ 都为小于 n 的正整数）；调用定义好的函数分别判断 i 和 $n-i$ 是否为质数，若 i 和 $n-i$ 均为质数，就将 n 输出出来；因为格式的问题，一行不宜输出太多的式子，在这里可以设置计数器 count，用以控制每输出一条式子则计数器+1，

< 206 >

如果 count 能够被 6 整数则输出一个换行）

参考程序：

```
def isPrime(n):
    for i in range(2,n):
        if n%i == 0:
            return False
        else:
            return True

count=0
for i in range(4,2001,2):
    for j in range(2,i):
        if isPrime(j) and isPrime(i-j):
            print(f"{i}={j}+{i-j}",end = " ")
            count += 1
            if count%6 == 0:
                print()
            break
```

（2）编写程序，求斐波那契数列第 n 项的值，其中 $F_0=1$，$F_1=1$，$F_n=F_{n-1}+F_{n-2}$。（提示：此题没有太大难度，只需要按照通项公式构造函数即可。需要注意的是，函数中需要对 $n=0$ 和 $n=1$ 这两种情况做特殊处理）

参考程序：

```
def Fib(n):
    return Fib(n-1)+Fib(n-2) if n >= 2 else 1

n = int(input())
print(Fib(n))
```

（3）编写程序，完成以下功能：从键盘上输入一个日期，格式为 YYYY,MM,DD，输出这个日期是该年度的第几天。（提示：判断某年是否为闰年的规则为闰年的年份应该可以被 4 整除但不能被 100 整除，或者该年份直接能被 400 整除）

参考程序：

```
def getDays(year,month):
    if month == 1 or month == 3 or month == 5 or month == 7 \
        or month == 8 or month == 10 or month == 12:
        return 31
    elif month == 4 or month == 6 or month == 9 or month == 11:
        return 30
    else:
        if (year%4 == 0 and year%100 != 0) or year%400 == 0:
            return 29
        else:
            return 28
year,month,day = eval(input())
days = 0
for i in range(1,month):
    days += getDays(year,i)
days += day
print(days)
```

（4）编写程序，使用 random 函数库中的函数产生两个 100 以内的随机整数，并判断它们是否互质。（提示：互质是指两个数互相不能整除。使用 random.randint(0,100)可生成 100 以内的随机整数）

< 207 >

参考程序：

```
import random
num1 = random.randint(0,100)
num2 = random.randint(0,100)

# 用辗转相除法求最大公约数
def gys(a,b):
    while(a%b != 0):
        a,b = b,a%b
    return b

if gys(num1,num2) == 1:
    print(f'{num1}和{num2}互质')
else:
    print(f'{num1}和{num2}不互质')
```

实验四 组合数据类型及文件操作

实验目的

- 掌握 Python 中元组和列表的使用方法。
- 掌握 Python 中字典和集合的使用方法。
- 掌握 Python 中文件的使用方法。

实验内容

（1）当前工作目录下有一个文件名为 class_score.txt 的文本文件，该文件存放了学生的姓名（第 1 列）、语文成绩（第 2 列）和数学成绩（第 3 列），每列数据用引文逗号分隔，文件内容如下所示。

```
林晓晓,95,98
张天天,85,85
朱莉莉,56,36
李乐乐,87,85
王勤勤,97,95
```

请编写程序完成下列要求功能。

① 计算这几位同学的语文和数学成绩的平均分（保留 1 位小数）并输出。

② 找出两门课都不及格（<60）的学生，输出他们的姓名。

③ 找出两门课的平均分在 90 分以上（>90）的学生，输出他们的姓名。

参考程序：

```
scores = {}
with open("class_score.txt") as f:
    for line in f:
        name,chinese,math = line.split(",")
        scores[name] = {"语文":int(chinese),"数学":int(math)}

total_chinese = 0
total_math = 0
goodstus = []
badstus = []
```

< 208 >

```
for name,score in scores.items():
    total_chinese += score["语文"]
    total_math += score["数学"]
    if score["语文"]<60 and score["数学"]<60:
        badstus.append(name)
    elif (score["语文"]+score["数学"])/2>90:
        goodstus.append(name)
avg_chinese = total_chinese/len(scores)
avg_math = total_math/len(scores)

print(f"这几位同学的语文成绩平均分为：{avg_chinese:.1f}，数学成绩平均分为{avg_math:.1f}")
print("两门课都不及格的同学有：",end = "")
print(*badstus,sep = "、")
print("两门课的平均分在90分以上的同学有：",end = "")
print(*goodstus,sep = "、")
```

（2）编写程序制作英文词典的维护程序，基本功能包括添加（修改）、删除和查询。程序读取源文件路径下的 words.txt 词典文件，若没有就创建该文件。词典文件存储方式为"英文单词,中文释义"，每行仅包含一对中英释义。程序会根据用户的输入运行相应的功能，并显示相应的运行结果，直到用户输入 quit 结束程序。具体输入格式如下。

① 添加（修改）条目的输入格式为：update 英文单词 中文释义，操作成功返回 True，否则返回 False。

② 删除条目的输入格式为：delete 英文单词，操作成功返回 True，否则返回 False。

③ 查询条目的输入格式为：search 英文单词，返回值为对应的中文释义，当查询的单词不存在时，返回"未找到该单词"。

④ 退出程序的输入格式为：quit，退出时需要将所有单词及其释义写入到文件 words.txt 中。

⑤ 如果输入内容不符合以上格式，则提示用户"输入有误"。

参考程序：

```
def update(dic,word,chinese):
    try:
        dic[word] = chinese
        return True
    except:
        return False

def delete(dic,word):
    try:
        del dic[word]
        return True
    except:
        return False

def search(dic,word):
    if word in dic.keys():
        return dic[word]
    else:
        return "未找到该单词"

try:
    with open("words.txt") as f:
        dic = {}
        for line in f:
```

< 209 >

```
                dic.setdefault(*line.strip().split(','))
except:
    dic = {}

while True:
    command = input().split()
    if command[0] == "quit":
        with open("words.txt","w") as f:
            for word,chinese in dic.items():
                f.write(word+","+chinese+"\n")
        break
    elif command[0] == "update":
        print(update(dic,command[1],command[2]))
    elif command[0] == "delete":
        print(delete(dic,command[1]))
    elif command[0] == "search":
        print(search(dic,command[1]))
    else:
        print("输入有误")
```

实验五　面向对象程序设计

实验目的

- 掌握定义类的方法。
- 掌握创建和使用对象的方法。
- 掌握类继承的概念和使用方法。

实验内容

编写程序，完成以下要求效果：定义图书馆类 Library、图书类 Book、学生类 Student。其中，图书馆类 Library 包含私有属性：图书总量和馆藏图书，并包含以下方法的定义。

① 初始化方法：__init__(self)，用于设置私有属性图书总量为 0、馆藏图书为空字典{}。

② 获取图书总量：getTotalAmount(self)，返回值为整数。

③ 获取可借图书列表：getAvailable(self)，返回值为以 book 对象为元素的列表。

④ 添加图书：add(self, *books)，没有返回值。

⑤ 借阅图书：lendBook(self, student, bookname)，返回值为逻辑型，表示借阅是否成功。

⑥ 归还图书：returnBook(self, bookname)，返回值为逻辑型，表示归还是否成功。

图书类 Book 包含私有属性：图书名称和作者，并包含以下方法的定义。

① 初始化方法：__init__(self, name, author)，用于将参数 name 赋值给私有属性图书名称以及将参数 author 赋值给私有属性图书作者。

② 文本化图书对象：__str__(self)，用于在输出图书对象时将图书对象转换成字符串对象。

③ 获取图书名称：getName(self)，用于获取图书对象的私有属性图书名称的值。

学生类 Student 包含私有属性：学生的学号和姓名，并包含以下方法的定义。

初始化方法：__init__(self, id, name)，用于将参数 id 赋值给私有属性学生学号以及将参数 name 赋值给私有属性学生姓名。

< 210 >

编写主程序代码，接收用户输入的图书信息（图书名称和作者），并对上述定义的类和方法进行测试，测试数据如下：

```
Please input name and author of book:Jane Eyre,Charlotte Bronte
Please input name and author of book:The Adventures of Huckleberry Finn,Mark Twain
Please input name and author of book:Great Expectations,Charles Dickens
Please input name and author of book:
Total amount of books: 1
Total amount of books: 3
Jane Eyre(Charlotte Bronte)
The Adventures of Huckleberry Finn(Mark Twain)
Great Expectations(Charles Dickens)
Which book do you want to lend:Jane Eyre
Success
The Adventures of Huckleberry Finn(Mark Twain)
Great Expectations(Charles Dickens)
Which book do you want to lend:Jane Eyre
Failure
Whick book do you want to return:Jane Eyre
Success
Jane Eyre(Charlotte Bronte)
The Adventures of Huckleberry Finn(Mark Twain)
Great Expectations(Charles Dickens)
```

参考程序：

```python
class Library:
    def __init__(self):
        self.__total = 0
        self.__books = {}
    def add(self,*books):
        for book in books:
            self.__books[book] = None
            self.__total += 1
    def getTotalAmount(self):
        return self.__total
    def getAvailable(self):
        return [book for book,reader \
            in self.__books.items() if reader==None]
    def lendBook(self,student,bookname):
        for book in self.getAvailable():
            if book.getName() == bookname:
                self.__books[book] = student
                return True
        return False
    def returnBook(self,bookname):
        for book in self.__books:
            if book.getName() == bookname:
                self.__books[book] = None
                return True
        return False

class Book:
    def __init__(self,name,author):
        self.__name = name
        self.__author = author
    def __str__(self):
        return f"{self.__name}({self.__author})"
    def getName(self):
        return self.__name
```

< 211 >

```
class Student:
    def __init__(self,id,name):
        self.__id = id
        self.__name = name

if __name__ == "__main__":
    lib = Library()
    books = []
    while True:
        info = input("Please input name and author of book:")
        if info == "":
            break
        bookname,bookauthor = info.split(",")
        books.append(Book(bookname,bookauthor))
    # 测试添加图书的功能是否正确
    lib.add(*books[:-2])
    print("Total amount of books:",lib.getTotalAmount())
    lib.add(*books[-2:])
    print("Total amount of books:",lib.getTotalAmount())
    # 测试借阅图书的功能是否正确
    print(*lib.getAvailable(),sep = "\n")
    stu = Student("B01","Tom")
    book = input("Which book do you want to lend:")
    print("Success" if lib.lendBook(stu,book) else "Failure")
    print(*lib.getAvailable(),sep = "\n")
    book = input("Which book do you want to lend:")
    print("Success" if lib.lendBook(stu,book) else "Failure")
    # 测试归还图书的功能是否正确
    book = input("Whick book do you want to return:")
    print("Success" if lib.returnBook(book) else "Failure")
    print(*lib.getAvailable(),sep = "\n")
```

< 212 >